GAIA: ALERTA FINAL

James Lovelock

Gaia: alerta final

Tradução de Jesus de Paula Assis e
Vera de Paula Assis

intrínseca

TÍTULO ORIGINAL
The Vanishing Face of Gaia: A final warning

PREPARAÇÃO
Ana Julia Cury

REVISÃO TÉCNICA
Prof. Dr. Tércio Ambrizzi
(Departamento de Ciências Atmosféricas – USP)

REVISÃO
Antônio dos Prazeres
Julio Ludemir
Umberto Figueiredo Pinto

DIAGRAMAÇÃO
Ilustrarte Design e Produção Editorial

CAPA
Tutano

CIP-BRASIL. CATALOGAÇÃO-NA-FONTE. SINDICATO NACIONAL DOS EDITORES DE LIVROS, RJ.

L947g

Lovelock, James, 1919-
Gaia : alerta final / James Lovelock ; tradução de Vera de Paula Assis, Jesus de Paula Assis. - Rio de Janeiro : Intrínseca, 2010.
264p.

Tradução de: The Vanishing Face of Gaia : A final warning
ISBN 978-85-98078-61-8

1. Hipótese de gaia. 2. Biologia - Filosofia. 3. Biosfera. 4. Vida - Origem. I. Título.

09-4331. CDD: 577.27
CDU: 57

[2010]

Editora Intrínseca Ltda.
Rua dos Oitis, 50
22451-050 – Gávea
Rio de Janeiro – RJ
Tel./Fax: (21) 3206-7400
www.intrinseca.com.br

Para minha querida esposa Sandy

SUMÁRIO

AGRADECIMENTOS

Meus sinceros agradecimentos a Richard Betts, John Gray, Armand Neukermans, *Sir* Crispin Tickell, Brian Foulger, Gari Owen, Tim Donaldson e Elaine Steel, que leram o livro e fizeram comentários pertinentes, e a Chris Rapley, Stephan Harding, Peter Liss, Andrew Watson, Tim Lenton e Dave Wilkinson, por seus valiosos conselhos. Também agradeço à GAIA, instituição beneficente registrada sob o nº 327.903, o auxílio proporcionado quando eu escrevia este livro.

PREFÁCIO

por Martin Rees

Há pouco mais de quarenta anos os astronautas da Apollo 8, enquanto orbitavam a Lua, fotografaram a Terra inteira — a biosfera contrastando com a estéril paisagem lunar onde os astronautas deixaram suas pegadas. As imagens da Apollo despertaram a percepção global de que a "Espaçonave Terra" era vulnerável e que sustentá-la era um imperativo ecológico. Mas houve uma segunda e importante influência de impacto global semelhante — não uma imagem, mas um novo e deslumbrante conceito, com um título romântico. Era Gaia — a ideia de que a biosfera da Terra se comporta como se fosse um único organismo.

Gaia foi a visão iluminada de um homem que é, sem dúvida, um dos cientistas vivos mais originais e influentes: James Lovelock. Ele acredita que nossa espécie está agora impondo à Terra um estresse sem precedentes e que a mudança climática poderá levar a um mundo com um ecossistema bem empobrecido, quase inóspito para os seres humanos. Mais assustadora (e mais controvertida) é sua afirmação de que o "ponto sem retorno" já pode ter sido ultrapassado.

Nosso planeta tem quase 4,5 bilhões de anos. Se alguns alienígenas estivessem observando-o de longe, desde seu nascimento, o que teriam visto? Durante quase todo esse tempo imenso as mudanças foram incessantes, mas geralmente graduais. Houve a deriva dos continentes; a cobertura de gelo alternou períodos de crescimento e declínio; as temperaturas globais subiram e caíram; espécies emergiram, evoluíram e se tornaram extintas.

Mas em apenas uma minúscula fração da história da Terra — a última milionésima parte, alguns milhares de anos — os padrões de vegetação se alteraram mais rapidamente do que antes. Foi esse o sinal do início da agricultura. O ritmo de mudanças se acelerou à medida que populações humanas cresceram e se dedicaram à atividade urbana e industrial. O consumo de combustíveis fósseis causou um acúmulo absurdamente rápido de dióxido de carbono na atmosfera; o clima mudou, e o mundo começou a se aquecer.

Se conhecerem astrofísica, os alienígenas que estiverem vigiando nosso planeta poderão prever com segurança que a biosfera enfrentará o Juízo Final quando o Sol se tornar mais brilhante e, subitamente, explodir, transformando-se numa estrela "vermelha e gigante". Mas poderiam eles ter previsto essa súbita "febre" sem precedentes antes que a Terra chegasse sequer à metade da sua vida — essas mudanças induzidas pelos seres humanos, que parecem acontecer a uma velocidade alucinante?

E o que esses hipotéticos alienígenas poderiam testemunhar nos próximos cem anos? Seriam os espasmos seguidos por estabilidade? Em caso afirmativo, será que a nossa Terra vai se estabilizar num estado que ainda ofereça um habitat para os seres humanos? Ou nossas intervenções não planejadas desviaram o planeta para um estado climático novo e bem mais quente? Se assim for, quantas das espécies atuais de animais e plantas sobreviverão?

Tais questões — mudança climática e perda de biodiversidade — ascenderam a lugares de destaque na agenda internacional. James Lovelock está ajudando a mantê-las lá. É um herói para muitos cientistas — certamente para mim. Sua carreira única e particular contrapõe-se ao estilo especializado e quase industrial em que a maior parte das pesquisas é conduzida. Na década de 1960, Lovelock criou um instrumento tão sensível para a detecção de traços mínimos de poluentes atmosféricos que muitos colegas se recusaram a acreditar nas suas alegações. Ele não deve nada a nenhuma instituição. Cruza as fronteiras entre disciplinas com tal liberdade que, muitas vezes, constrange pensadores "institucionais".

A genialidade da mente e da personalidade de James Lovelock brilha neste livro importante e agradável de ler. O texto é claro, até divertido, com muitas analogias inteligentes. Mas ele também escreve com sentimento, e seus pensamentos assentam-se em toda uma vida de trabalho excepcional. É um excelente cientista e, ao mesmo tempo, um ativista eloquente.

Muitos de nós ainda esperam que nossa civilização faça uma passagem harmoniosa para um futuro com baixo teor de carbono e uma população menor — e que consigamos efetivar essa transição sem trauma nem desastre. Tal desfecho benigno, contudo, exige ação decidida dos governos, implementada com urgência; tal urgência só será atingida se campanhas sustentadas conseguirem transformar atitudes coletivas e estilos de vida. Programas para o desenvolvimento de "energia limpa" devem ser desenvolvidos e implementados simultaneamente em todo o mundo, com a mesma urgência que os Estados Unidos deram ao programa Apollo nos anos 1960.

Aqueles de nós que são cientistas deveriam encarar a inventividade de James Lovelock como um desafio; todos os cidadãos deveriam se inspirar no compromisso e no altruísmo de Lovelock. Não é exagero dizer que o futuro de nossa civilização a longo prazo depende de uma resposta geral afirmativa à "convocação" deste livro fascinante.

Martin Rees
Trinity College, Cambridge
Janeiro de 2009

1
A jornada no espaço e no tempo

Ícones são importantes para nós: a cruz e a cimitarra dominaram vidas e a história por dois milênios. Para alguns, o ícone de maior significado é aquele da imagem azul e branca da Terra vista pela primeira vez do espaço pelos astronautas. Aquele ícone está sofrendo uma mudança sutil à medida que o gelo branco desaparece gradualmente, o verde das florestas e das pastagens se transforma lentamente no tom pardo das regiões desérticas e os oceanos perdem a tonalidade azul-esverdeada, passando para um simples azul-piscina à medida que se tornam desertos. É por isso que, aos 90 anos, tentarei imitar os astronautas e voarei para o espaço, a fim de ver a Terra do alto, antes que ela desapareça. Quero ter um vislumbre da Terra na qual vivi toda a minha vida, mesmo que meu médico Douglas Chamberlain, em quem confio, tenha me advertido que o risco é grande demais. Irei, apesar dos avisos, para recapturar o momento arrepiante de súbita descoberta quarenta anos atrás, quando eu estava trabalhando no centro de pesquisas espaciais, o Laboratório de Propulsão a Jato (JPL, Jet Propulsion Laboratory), na Califórnia, e enxerguei com o olho da minha mente que nosso planeta era algo possivelmente singular no universo, algo vivo. Desde então, acho que a palavra Terra não serve para descrever o planeta vivo que habitamos e do qual fazemos parte. Sou grato ao escritor William Golding pela sugestão de que o nome Gaia seria mais apropriado. Não menos importante entre as alegrias de ver nosso planeta vivo lá do alto será o simples prazer de ver quão esférico ele é. Tive poucas dúvidas de que assim o fosse, mas, tal como acontece com muitas coisas na vida e na ciência, temos simplesmente de aceitar que é um planeta redondo, mesmo que, quando em solo, nossos olhos nos digam que é plano.

Imagine meu assombro e alegria quando soube que meu desejo de ver a Terra do espaço seria em breve atendido e que veria, do céu acima do Novo México, a esfera de um mundo em toda a sua glória. Em um ato de esplêndida generosidade, *Sir* Richard Branson criou a mágica e já fundou sua própria companhia espacial, a Virgin Galactic, para torná-la possível. Seu aperfeiçoamento definitivo, o voo ao espaço, permitirá que eu escape por alguns breves minutos da introspecção dominante da vida no século XXI e compartilhe aquela sensação transcendental dos astronautas de que nosso lar não é a casa, nem a rua, nem a nação onde vivemos, mas a própria Terra.

Há alguma necessidade de ver Gaia, o único planeta vivo do sistema solar? Afinal, apesar do recente revés econômico, a vida continua a melhorar na maior parte do mundo; mesmo os pobres do mundo desenvolvido, embora malnutridos, estão às vezes suficientemente bem alimentados para serem obesos. Há tantas possibilidades de diversão que não há nenhum motivo para tédio, dia ou noite. Talvez não mais precisemos ver a Terra de verdade quando podemos vê-la tão bem no Google.

Importa, sim, e mais que qualquer outra coisa: temos de vê-la como ela realmente é, porque nossas vidas são inteiramente dependentes da Terra viva. Não poderíamos sobreviver um instante sequer em um planeta morto como Marte, e precisamos entender a diferença. Se deixarmos de levar nosso planeta a sério, seremos como crianças que acham que seus lares estarão sempre lá e nunca duvidam que o café da manhã inicia o dia; não perceberemos, enquanto desfrutamos de nossas vidas cotidianas, que o custo de nossa negligência poderá em breve causar a maior tragédia já vista na história da humanidade. A Terra, em seu próprio interesse, mas não no nosso, poderá ser forçada a mudar para uma era quente, na qual possa sobreviver, embora numa condição reduzida e menos habitável. Se isso acontecer, como é provável, teremos sido nós a causa.

Não se deixe enganar por calmarias na mudança climática quando a temperatura global se mantém constante por alguns anos ou até quando, no momento em que escrevo aqui no Reino Unido, em 2008, ela parece cair. Veranistas e agricultores que suportaram um julho e agosto desgraçadamente frios e úmidos me perguntam: onde está o aquecimento global agora? Mais ao longe, no golfo do México, onde por vários anos a água da superfície esteve extraordinariamente quente, agora está novamente mais fria, e o Ártico também recuperou um pouco das impressionantes perdas de 2007 (embora o gelo continue ameaçando ficar cada vez mais fino). No mundo real, as mudanças raramente são suaves: elas ocorrem bruscamente, num movimento mais parecido com o crescimento de um engarrafamento do que com uma estrada livre e aberta. Mas, por mais improvável que às vezes pareça, a mudança está realmente acontecendo e a Terra fica mais quente ano após ano. Está cada vez mais sob o risco de mudar para um estado estéril, no qual poucos de nós poderão sobreviver. Cientistas, particularmente Steve Schneider e Jim Hansen, reconheceram na década de 1980 a possibilidade de uma perigosa mudança climática em consequência de nossa poluição do ar com dióxido de carbono em excesso. Isso levou o eminente climatologista sueco Bert Bolin a convencer a Organização das Nações Unidas (ONU) a criar um Painel Intergovernamental de Mudanças Climáticas (IPCC, Intergovernmental Panel on Climate Change) com *Sir* John Houghton e Gylvan Meira Filho como copresidentes. O painel começou a reunir evidências sobre as mudanças químicas e físicas da atmosfera em 1990 e divulgou relatórios em 1991, 1995, 2001 e 2007. Por meio dos esforços desse painel de mais de mil cientistas de várias nações sabemos hoje o bastante sobre a atmosfera da Terra para apresentar conjecturas inteligentes sobre climas futuros. Contudo, até agora essas conjecturas foram incapazes de indicar as mudanças observadas no clima num grau suficiente para termos confiança sobre as previsões do IPCC para as próximas décadas.

Hoje somos quase todos tão urbanizados que poucos dos que vivem nas cidades do hemisfério norte veem as estrelas à noite. A luz e a poluição do ar as obscureceram tanto que somente a Lua e Vênus são visíveis através do brilho da noite. Nossos bisavós muitas vezes viam as constelações e usavam a estrela Polar para guiar seu caminho; em noites claras, até enxergavam a Via-Láctea, aquela indistinta faixa branca que cruza os céus e é uma vista lateral da nossa galáxia natal. Exceção feita a alguns marinheiros e agricultores a muitos quilômetros de qualquer povoado, que ainda veem as escuras profundezas do céu, estamos todos perdidos no ar enevoado daquela megacidade em que a globalização transformou o mundo humano. De modo semelhante, os cientistas tornaram-se urbanizados e apenas recentemente assimilaram a ideia de uma Terra viva em seu raciocínio. A maioria deles ainda precisa digerir a ideia de Gaia e torná-la parte de sua prática.

Estamos tentando desfazer parte dos males que provocamos e, com o agravamento da mudança climática, tentaremos com maior afinco e até um certo desespero. Contudo, enquanto não enxergarmos que a Terra é mais que uma mera bola de rocha, é improvável que tenhamos sucesso. Não se trata meramente de dióxido de carbono em excesso no ar nem da perda da biodiversidade à medida que as florestas são derrubadas; a causa central é o excesso de pessoas, seus animais de estimação e gado — mais do que a Terra consegue suportar. Nenhum ato humano voluntário poderá reduzir nossos números com rapidez suficiente, nem mesmo para desacelerar a mudança climática. Por sua mera existência, as pessoas e seus animais são responsáveis por emissões de gases de efeito estufa que superam dez vezes todas as viagens aéreas do mundo.

Parece que não temos a menor ideia da gravidade de nossa situação. Ao contrário, antes que nossos pensamentos fossem desviados pelo colapso financeiro global, parecíamos perdidos num círculo infindável de comemoração e felicitação. Foi bom reconhecer os enormes esforços do IPCC e de Al Gore com o Prêmio Nobel da Paz e pedir aos corajosos 10 mil que fizessem a longa jornada até Bali como uma saudação, mas, por não terem visto a Terra como uma entidade viva, eles ignoraram, à custa de nos colocar em perigo, o quanto ela desaprova tudo o que fazemos. Enquanto organizamos nossas reuniões e conferências sobre administração de recursos, Gaia ainda se desloca passo a passo rumo ao estado quente, aquele que lhe permitirá continuar como a reguladora, mas onde poucos de nós estaremos vivos para nos reunir e conversar. Talvez estejamos comemorando porque a voz outrora bem inquietante do IPCC agora falou tranquilamente sobre consenso e endossou aqueles misteriosos conceitos de sustentabilidade e energia que se renovava. Até imaginamos que assim, de alguma maneira, poderíamos salvar o planeta e também enriquecer, um desfecho bem mais prazeroso que a incômoda verdade.

Não sou uma Cassandra condescendente, e no passado fui publicamente cético sobre histórias apocalípticas, mas, dessa vez, realmente precisamos levar a sério a possibilidade de que o aquecimento global pode estar a ponto de eliminar as pessoas da Terra. Meu pessimismo pode parecer uma extrapolação que foi longe demais. Aceito o seguinte: uma contínua série de erupções vulcânicas tão poderosas quanto a de Pinatubo em 1991 poderia reverter a mudança climática, bem como um ou mais dos projetos de geoengenharia atualmente em consideração; além disso, nossas projeções são provavelmente imperfeitas. Mas o pessimismo é justificado pela diferença entre as previsões do IPCC e aquilo que os observadores constatam no mundo real. Pensemos simplesmente no seguinte: mais de mil dos melhores climatologistas do mundo trabalharam dezessete anos na previsão de climas futuros e fracassaram na previsão do clima de hoje, no momento em que escrevo, em agosto de 2008. Não confio muito na suave curva ascendente da temperatura que os criadores de modelos predizem para os próximos noventa anos. A história da Terra e os modelos climáticos simples baseados na noção de uma Terra viva e reativa sugerem que são mais prováveis mudanças súbitas e surpresas. Meu pessimismo é compartilhado por outros cientistas e abertamente pelo eminente climatologista James Hansen, que, assim como eu, acredita que as evidências sobre a Terra que estão agora surgindo, com o conhecimento de sua história, são gravemente perturbadoras. Acima de tudo, estou pessimista porque as empresas e os governos parecem estar aceitando cegamente uma crença de que a mudança climática é fácil e lucrativamente reversível.

Não espere que o clima siga o caminho lento e suave de aumento de temperatura, previsto pelo IPCC, em que a mudança avança gradualmente e deixa muito tempo para manter as coisas funcionando como sempre. A Terra real se altera intermitentemente com períodos de constância, até ligeiro declínio, entre os saltos para um calor maior. Mudança climática não se parece absolutamente com a engenharia civil regular de uma importante rodovia que escala ininterruptamente o desfiladeiro de uma montanha, mas sim com a própria montanha, uma concatenação de declives, vales, campinas planas, degraus rochosos e precipícios. É possível que em algum momento no passado um gerente de recursos que cuidava do seu fundo de pensão tenha lhe mostrado uma curva de crescimento dos seus investimentos que subiam homogeneamente sem descontinuidade de agora até 2050; mas hoje você estaria cheio de dúvidas sobre um progresso tão homogêneo e contínuo e saberia que o crescimento pode ser interrompido por instituições financeiras, como a Northern Rock e a Lehman Brothers, espalhadas pelo caminho, e até cair no abismo de uma recessão global. Ainda assim, pedem-nos que acreditemos que a temperatura subirá continuamente por outros quarenta anos, a menos, é claro, que coloquemos o dióxido de carbono da atmosfera em algum outro lugar. Você pode achar que previsões climáticas e econômicas têm pouco em comum, mas não: os dois sistemas são complexos e não lineares e podem mudar súbita e inesperadamente. Alan Greenspan, até recentemente o guru econômico dos Estados Unidos, disse numa entrevista à BBC que por esse motivo ele se recusou a prever o curso da economia mundial; e o conceituado economista de Cambridge, *Sir* Partha Dasgupta, advertiu que modelos da economia se assemelhavam aos do clima em sua imprevisibilidade caprichosa. Eles se escusaram de tais previsões bem antes da quebra de 2008. Sabemos agora que as enormes dívidas contraídas pelo chamado Primeiro Mundo foram a causa. Não temos a menor noção de quando nosso endividamento ambiental trará uma ruína ainda maior, somente que é provável que aconteça.

Parece que esquecemos que a ciência não se baseia inteiramente em teoria e modelos: a confirmação mais cansativa e prosaica por experimento e observação tem papel igualmente importante. De uns anos para cá, talvez por motivos sociais, a ciência mudou seu modo de trabalhar. Observação no mundo real e experimentos em pequena escala na Terra agora assumem o segundo lugar, atrás dos modelos teóricos caros e em constante expansão. Trabalhar assim pode ser administrativa e politicamente cômodo, mas as consequências poderão ser desastrosas. Nosso tanque está quase vazio de dados e estamos nos movendo a vapor teórico: isto é especialmente verdadeiro para os dados sobre os oceanos, que perfazem mais de 70% da superfície da Terra, e para as respostas dos ecossistemas à mudança climática — e, igualmente importante, o efeito da mudança nos oceanos e ecossistemas sobre o clima.

As ideias que se originam da teoria de Gaia nos colocam em nosso devido lugar como parte do sistema Terra — não somos os proprietários, gerentes, comissários ou pessoas encarregadas. A Terra não evoluiu unicamente para nosso benefício, e quaisquer mudanças que efetuemos nela serão por nossa própria conta e risco. Tal maneira de pensar deixa claro que não temos direitos humanos especiais; somos apenas uma das espécies parceiras no grande empreendimento de Gaia. Somos criaturas da evolução darwiniana, uma espécie transitória com um tempo de vida limitado, como todos os nossos inúmeros ancestrais distantes. Mas, ao contrário de quase tudo antes que emergíssemos no planeta, somos também animais sociais inteligentes com a possibilidade de evoluir para nos tornarmos mais sensatos e inteligentes, animais que poderiam ter um potencial maior como parceiros para o resto da vida na Terra. Nossa meta agora é sobreviver e viver de modo a oferecer melhor chance à evolução que continuará depois de nós. O filósofo John Gray analisa até que ponto ainda somos uma inteligência emergente e se ainda temos tanto caminho pela frente que justifique a avaliação que fazemos de nós mesmos. Realmente acreditamos que nós, seres humanos, inteiramente despreparados como somos, temos a inteligência ou a capacidade de gerenciar a Terra?

Tornamo-nos hábeis em enterrar as más notícias e talvez por isso não gostemos dos relatos trazidos por aqueles admiráveis e verdadeiros cientistas que saem mundo afora, como Charles David Keeling e o filho Ralph, que por tanto tempo e com grande precisão monitoraram o dióxido de carbono no pico de Mauna Loa. Ou Andrew Watson, que realizou medições no inverno em um navio chacoalhando nos mares frios e tempestuosos na costa da Groenlândia. Existem alguns cientistas como eles que atualmente fazem observações de elevação de temperatura e do nível do mar, e essas medições foram publicadas por Stefan Rahmstorf e colegas em maio de 2007, na revista *Science*. Eles constataram que o nível do mar estava subindo 1,6 vez mais rápido e a temperatura, 1,3 vez mais rápido do que o IPCC tinha previsto em 2007. Em setembro de 2007, ficamos arrasados ao descobrir que somente 40% do gelo flutuante no oceano Ártico não tinha se derretido. É verdade que a perda visível em 2008 foi ligeiramente menor, mas o gelo restante diminuiu sua espessura para um valor recorde de 45 centímetros. Essas alterações são muito mais rápidas que a mais sombria das previsões feitas por modelos e, como será visto, poderão ter sérias consequências.

Por meio da teoria de Gaia ofereço uma visão do futuro possível, nosso e da Terra, à medida que se desenvolve a mudança climática. Minha visão é diferente da maioria dos climatologistas. As diferenças originam-se de procedimento, não de uma base fatual distinta. A maioria dos modelos de mudança climática, por exemplo, ainda não inclui a resposta fisiológica dos ecossistemas do solo ou dos oceanos. Esta não é, de forma alguma, a consequência de uma batalha entre teorias; a questão é que os modelos climáticos forçam tanto nossas capacidades mentais e processuais que leva muito tempo até que novos procedimentos possam ser incluídos de uma maneira confiável — é meio parecido com mudar o sistema de transporte de uma cidade de ônibus para bondes. Num mundo ideal, modelos climáticos que incluíssem tudo poderiam reduzir ou até eliminar a discórdia, mas não podemos nos dar o luxo de esperar por modelos aperfeiçoados: temos de agir agora e, portanto, ofereço previsões com base em modelos simples da teoria de Gaia e evidências da Terra agora e no passado.

A climatologia profissional se fundamenta, principalmente, na geofísica e geoquímica, e muitas vezes pressupõe que a Terra é inerte e incapaz de uma resposta fisiológica à mudança climática. O que tornam diferentes as ideias apresentadas neste livro é que elas se baseiam numa teoria coerente da Terra, Gaia, cujo acerto pode ser medido pelo excesso de suas previsões, e está começando a ser aceita como a sabedoria convencional sobre a Terra e a ciência da vida. Não suponha que a sabedoria convencional entre cientistas seja similar ao consenso entre políticos e advogados. Ciência tem a ver com verdade e deve ser inteiramente indiferente à justiça ou à conveniência política.

Quando critico o consenso do IPCC, estou criticando, principalmente, a falta de conhecimento entre administradores e políticos que forçaram (de má vontade, desconfio) cientistas a apresentarem dessa maneira as conclusões de diferentes centros climáticos nacionais e regionais. Pouco antes de terminar este livro li a recente e muito comovente obra *The Patient from Hell* [O paciente do inferno], de Steve Schneider, sobre sua longa e dolorosa, mas bem-sucedida, batalha contra o câncer. Schneider é um dos climatologistas mais importantes do mundo e relembra no livro seu papel numa sessão da ONU em Genebra, durante o desenvolvimento do relatório de 2001 do Grupo de Trabalho do IPCC, no qual descreve como a boa ciência apresentada na sessão foi manipulada até que satisfizesse todos os representantes nacionais presentes. O livro deixa claro que as palavras empregadas para expressar as consequências do aquecimento global foram dissimuladas até que fossem aceitáveis aos representantes das nações produtoras de petróleo, que enxergaram seus interesses nacionais ameaçados pela verdade científica. Se for isso que a ONU quer dizer quando fala de consenso, não se poderá esperar que verdade científica surja de suas deliberações e seremos induzidos ao erro sobre os perigos do aquecimento global. Pode também ser esse o motivo pelo qual governos nacionais e agências internacionais se mostram relutantes em destinar fundos para observações e medições, mas propensos a fomentar modelos. Medições feitas por cientistas são bem mais difíceis de contestar. Dizem que a verdade é a primeira vítima da guerra, e parece que isso vale também para a mudança climática. Se eu estiver mais certo que o consenso, isso alterará profundamente o melhor curso da ação individual e política. A mera redução da queima de combustíveis fósseis, do uso de energia e da destruição de florestas naturais não será uma resposta suficiente ao aquecimento global, principalmente porque parece que a mudança climática pode acontecer mais rápido do que somos capazes de reagir a ela. E ela pode ser irreversível. Consideremos: o Protocolo de Kyoto foi elaborado há mais de dez anos e, desde então, parece que fizemos pouco mais que gestos quase vazios para deter a mudança climática. Por causa da rapidez da mudança da Terra, precisaremos reagir mais como os habitantes de uma cidade ameaçada por uma inundação. Quando eles veem a subida irreprimível da água, a única opção é fugir para terreno alto; é tarde demais para fazer qualquer outra coisa, como é para nós tentar salvar nosso mundo familiar.

O conceito de uma Terra viva não é fácil de apreender, mesmo como metáfora. Tentarei explicá-lo mais adiante, mas, por ora, não levarei em conta singularidades que a Terra parece não reproduzir. As evidências de que a Terra se comporta como um sistema vivo são agora fortes. Ela tanto pode resistir à mudança climática como intensificá-la e, a menos que levemos tal ponto em consideração, não poderemos entender nem prever o comportamento da Terra. Devemos ter sempre em mente que é arrogância achar que sabemos como salvar a Terra: nosso planeta cuida de si próprio. Tudo o que podemos fazer é tentar nos salvar.

Aqueles de nós que porventura caminhem por áreas ainda chamadas de campos verdes e têm a sensação de que há algo de errado ou que está faltando alguma coisa quando vemos uma moderna fazenda de agronegócios, com os campos cheios de monoculturas, sentem a mesma coisa em relação às escuras e soturnas plantações florestais de coníferas semeadas em fileiras disciplinadas bem fechadas para maximizar a quantidade e qualidade da madeira e o ganho dos silvicultores. Poucos de nós consideram terrivelmente errado quando alguma joia da paisagem litoral ou rural é degradada por plantações de gigantescas turbinas eólicas em escala industrial. Contudo, se formos a uma floresta virgem, a um deserto ou, de fato, a qualquer lugar da Terra onde as coisas ainda crescem em coexistência dinâmica, iremos considerá-lo belo, mas assustador, um lugar que coloca nosso detector de perigo em estado de alerta. O explorador extrovertido com seu chapéu de palha dirá: "Bobagem, passei boa parte da minha vida na selva e nunca me senti ameaçado." O indivíduo esquece que ele também usa bota contra cobras e seu kit contém comprimidos para esterilizar água e pílulas antimaláricas. Não se engane: nosso medo instintivo do selvagem é fundamentado: lugares inteiramente naturais são tão hostis às pessoas inocentes das cidades como a paisagem de um planeta alienígena infestado de monstros. Formas de vida, dos micro-organismos aos nematoides, invertebrados, cobras, tigres e, é claro, outros seres humanos: para nós, todos esses seres são potencialmente perigosos se nos colocarmos próximos a eles. Não admira que o homem primitivo tenha separado da natureza os seus campos e, gradualmente, tenha se tornado fazendeiro, considerando maligna toda vida que não fosse animal de criação, plantas cultivadas, mão de obra contratada e parentes. Mais tarde, construímos cidades — fortalezas —, para nos manter protegidos contra a vida selvagem e para subjugar a região rural, fazendo-a servir às nossas necessidades de alimento, combustível, minerais e materiais de construção. Não há nada de antinatural nessa evolução. Cupins e outros animais sociais também o fizeram, à sua própria maneira. O ponto em que diferimos de tudo que veio antes é que nos esquivamos das causas de morte precoce, predação, fome e doença, as coisas que já nos amedrontaram. Agora, multiplicamos e expandimos nossas cidades e as ocupamos tanto e em tal grau que sobrecarregamos a Terra e tornamos real o pesadelo de Malthus, apesar da nossa capacidade imensamente ampliada de nos sustentar, algo que não tínhamos previsto. O mundo natural fora das nossas fazendas e cidades não existe como decoração, mas serve para regular a química e o clima da Terra, e os ecossistemas são os órgãos de Gaia que lhe permitem manter nosso planeta habitável.

Você acha que estou exagerando — mas quando foi a última vez que você se sentou em um belo campo gramado sob o sol e sentiu o cheiro de tomilho silvestre ou viu a prímula e uma violeta oscilante? Aposto que foi há muito tempo, se é que isso realmente aconteceu alguma vez. Shakespeare podia fazer isso quando vivia em Londres, porque um campo gramado assim estava a uma caminhada de sua casa, e quando eu era um garoto que vivia no sul de Londres, oitenta anos atrás, o bonde me levaria a tal campo em trinta minutos; agora, é quase uma impossibilidade. A cidade e suas áreas agrícolas estão quase em todos os lugares, e são imensos.

Se isto parecer uma percepção provinciana inglesa da Terra em transformação, é uma questão de geografia, não de preconceito tribal. Com o agravamento da crise climática, o mundo inteiro será afetado, mas de diferentes maneiras. *Sir* John Houghton nos lembra em seu livro *Global Warming* [Aquecimento global], publicado em 2004, que as maiores mudanças climáticas serão observadas nas regiões polares. Primeiro, o gelo flutuante irá derreter e, depois, as calotas de gelo da Groenlândia e da Antártida sofrerão erosão; as consequências dessas mudanças climáticas árticas e antárticas serão calor adicional e níveis do mar em elevação para a Terra inteira e, então, todos sentiremos a mudança. Exceto por aqueles lugares tropicais onde montanhas próximas a um oceano morno atraem chuvas, maior calor implica seca e uma perda fatal da produção de alimentos. Clima quente atrai mais chuva, mas ou ela produz inundações instantâneas ou evapora com tal rapidez que é bem menos útil às plantas em crescimento que a suave garoa que cai numa terra fria como a Irlanda. Nas áreas continentais, onde a maioria de nós vive nos hemisférios norte e sul, as estiagens de verão se intensificarão. Os Estados Unidos reviverão as lembranças da tempestade de areia dos anos 1930 ["Dust Bowl"]. A Austrália já sofreu onze anos de estiagem contínua; os europeus irão lembrar o terrível verão de 2003; e, na China, na África e no sul da Ásia, a fome é um inimigo familiar. Assim como a pata de um elefante sobre um formigueiro, o aquecimento global esmagará a vida das planícies continentais.

Como será daqui a alguns anos? Vimos que em 2007 a Terra passou por um marco significativo quando a área de gelo ártico flutuante que se derreteu no verão foi cerca de 3 milhões de quilômetros quadrados maior que a habitual, uma área trinta vezes maior que a Inglaterra. Apesar do calor absorvido, a temperatura global não subiu; de fato, caiu ligeiramente, talvez porque se gasta 81 vezes mais energia para derreter gelo que para elevar a mesma quantidade de água em um grau: tal propriedade do gelo é conhecida como "calor latente". Para observar esse fenômeno prepare uma xícara quase cheia de chá com água fervente. Estará quente demais até mesmo para dar um gole. Acrescentar água gelada para resfriá-la com rapidez raramente funciona, mas a adição de um único cubo de gelo a esfriará o bastante para bebê-la em poucos segundos. Em mais alguns anos, todo aquele gelo flutuante poderá desaparecer e, então, o Sol estará livre para aquecer o escuro oceano Ártico. Ele não mais terá a tarefa extenuante de tentar derreter o gelo branco refletor que rejeita 80% da luz solar recebida de maneira que o derretimento consome a maior parte da energia radiante que, do contrário, aqueceria o oceano. Tenhamos em mente o fato de que, antes que o clima possa voltar ao seu estado pré-industrial, todo o gelo derretido deverá se congelar novamente, e isso significa reembolsar o débito do calor latente do gelo. O cientista americano Wally Broecker alerta em seu novo livro, *Fixing Climate* [Consertando o clima], escrito com Robert Kunzig, sobre a mudança climática global potencialmente devastadora consequente de pequenas mudanças no clima ártico.

Algumas partes do mundo poderão escapar do pior. As regiões setentrionais do Canadá, Escandinávia e Sibéria, que não forem inundadas pela subida do nível do oceano, permanecerão habitáveis, o mesmo acontecendo com os oásis nos continentes, principalmente nas regiões montanhosas onde ainda ocorre precipitação de chuva ou neve. Mas as exceções mais importantes nessa perturbação de alcance planetário serão as ilhas-nações do Japão, Tasmânia, Nova Zelândia, as Ilhas Britânicas e inúmeras ilhas menores. Mesmo nos trópicos, o aquecimento global poderá não mutilar comunidades como as das ilhas havaianas, Taiwan ou as Filipinas. As Ilhas Britânicas e a Nova Zelândia estarão entre as menos afetadas pelo aquecimento global. Sua posição oceânica temperada é propensa a favorecer um clima capaz de sustentar agricultura abundante. Elas estarão entre os botes salva-vidas da humanidade. Para as nações que ocupam os continentes, tudo poderá depender da densidade populacional. Os Estados Unidos e os Estados russos são singularmente afortunados por terem densidades oito e trinta vezes menores que a do Reino Unido, respectivamente, e ambos contêm vastas áreas de territórios previamente congelados nas suas regiões setentrionais. O subcontinente indiano, a China e o Sudeste Asiático, contudo, são densamente povoados, e nações como Bangladesh já estão ameaçadas pelo nível crescente do mar.

O mundo humano das ilhas-botes salva-vidas e dos oásis continentais será restringido pela limitação de alimento, energia e espaço para viver. A ética de um bote salva-vidas em que o imperativo é a sobrevivência deve ser inteiramente diferente daquela de aconchegante autoindulgência da última parte do século XX. Não consigo deixar de me perguntar como iremos nos arranjar — como decidiremos quem entre os desesperados permitiremos que suba a bordo. No Reino Unido, sobrou pouca terra para cultivo e para nos alimentar, mas nós e os refugiados poderemos, de qualquer forma, não ser capazes de o fazer, porque a maioria absoluta de nós é urbana, e praticamente ignora a vida além da cidade, não entendendo que todas as nossas vidas dependem dele. As visões tão íntegras e bem-intencionadas da União Europeia para "salvar o planeta" e promover o desenvolvimento sustentável com o uso apenas de energia "natural" poderiam ter funcionado em 1800, quando havia apenas um bilhão de seres humanos no mundo, mas agora não podemos nos dar a esse luxo. De fato, à sua própria maneira, a ideologia verde que agora parece inspirar o norte da Europa e os Estados Unidos poderá, afinal, ser tão prejudicial ao meio ambiente real quanto o foram as ideologias humanistas anteriores. Se o governo do Reino Unido persistir em forçar os esquemas dispendiosos e nada práticos da energia renovável, em breve descobriremos que quase tudo o que resta da nossa região rural será usado para a produção de biocombustível, geradores de biogás e parques eólicos de escala industrial — tudo isto no exato momento em que precisaremos de todo o campo existente para o cultivo de alimentos. Não se sinta culpado por optar por essa bobagem: um exame mais profundo revela que ela é um elaborado embuste criado pelo interesse de algumas nações cujas economias se enriquecem a curto prazo pela venda de turbinas eólicas, usinas de biocombustível e outros equipamentos energéticos supostamente verdes. Não acredite por um momento sequer na conversa de vendedor de que isso salvará o planeta. A conversa mole dos vendedores tem a ver com o mundo que eles conhecem, o mundo urbano. A Terra real não precisa ser salva. Pôde, ainda pode e sempre será capaz de se salvar, e agora está começando a fazê-lo, mudando para um estado bem menos favorável a nós e outros animais. O que as pessoas querem dizer com o apelo é "salvar o planeta como o conhecemos", e isso agora é impossível.

Acho improvável que um dano grave possa decorrer do uso em pequena escala de biocombustíveis produzidos a partir de resíduos agrícolas, óleo de cozinha reciclado ou uma modesta colheita de algas oceânicas. Entretanto, os cultivos de cana-de-açúcar, beterraba, milho, colza e outras plantas unicamente para a produção de combustível é quase certamente o ato mais danoso de todos. O problema com a espécie humana é que, como disse William James, "o homem nunca tem o bastante sem ter em demasia". Uma vez que o combustível seja utilizado para manter nossos carros e caminhões em movimento, tentaremos cultivá-lo globalmente, com consequências estarrecedoras. Para ter uma ideia da escala já envolvida, consideremos a legislação sobre energia promulgada em 2007 nos Estados Unidos, que prevê cerca de 170 bilhões de dólares para refinarias de biocombustível e infraestrutura. Brent Erikson, da Organização das Indústrias de Biotecnologia, disse que "estamos no ponto onde estávamos nos anos 1850, quando o querosene foi destilado pela primeira vez", e também que a nova lei exige a produção de 3,8 bilhões de litros de combustível etanol obtidos de grão de milho até 2022. Fica evidente pelas declarações de Erikson, pelo que está acontecendo agora no Brasil e pelas intenções dos europeus, que os biocombustíveis não são uma indústria artesanal inócua qualquer: são grandes empreendimentos, como de hábito. Quanto tempo levará até nos tornarmos dependentes de biocombustível para mover nossos carros e caminhões?

Os Estados Unidos entendem a ameaça do aquecimento global? Poucos duvidariam de que, no presente momento, os Estados Unidos sejam a nação mais destacada em termos de ciência e invenção — e não há maior prova disso que o computador que está sobre todas as nossas mesas e que, no mínimo, realiza o trabalho outrora feito por um datilógrafo. Os Estados Unidos tiveram um papel importante em sua evolução. Como se não bastasse, temos os pousos na Lua, a exploração de Marte e as frotas de satélites assombrosamente complexos, desde o telescópio Hubble até aqueles que lhe informam exatamente onde você se encontra em qualquer lugar do mundo. Tudo isso e muito mais é um tributo ao *know-how* americano e sua atitude dinâmica. Mesmo a teoria de Gaia foi descoberta no fértil ambiente do Laboratório de Propulsão a Jato da Califórnia, e o único biólogo que a entendeu e continuou a desenvolvê-la foi a destacada cientista americana Lynn Margulis. Obviamente, avanços em ciência e tecnologia emergiram na Europa na Idade Média e seu centro de excelência se moveu entre as nações. Em tecnologia e teoria computacionais, Babbage, Ada Lovelace e o mais trágico entre os homens, Alan Turing, fizeram, todos, o trabalho de base aqui, no Reino Unido. Turing foi aquele que, com seu grupo, construiu o primeiro aparelho computacional sério e o utilizou para decifrar o código inquebrável dos nossos inimigos de tempo de guerra. Mas isso foi naquela época. Agora, os Estados Unidos são o centro da ciência.

Faço este elogio solene aos Estados Unidos da América por estar perplexo: apesar de sua excelência científica, eles, entre todas as nações, foram os mais lentos em perceber a ameaça do aquecimento global. Duvido que essa ignorância inesperada tenha alguma ligação com o fato de o uso *per capita* americano de combustível fóssil, uma fonte de dano climático, ser maior que em qualquer outro lugar. Considero-a mais uma consequência de a maioria dos cientistas americanos, à sua maneira francamente bem-sucedida e reducionista, considerar a Terra algo que eles poderiam melhorar ou controlar; parece que eles a veem como nada mais que uma bola de rocha umedecida pelos oceanos e situada dentro de uma tênue esfera de ar. Até parece que consideram Marte um planeta a ser desenvolvido quando a Terra não for mais habitável. Não veem a Terra como um planeta vivo que regula a si próprio.

Eles não enxergam isso porque a Terra foi colonizada pela vida há pelo menos 3,5 bilhões de anos, sendo sua temperatura e a composição de sua superfície definidas pelas preferências de quaisquer que tenham sido os organismos que formavam a biosfera. Isso foi verdadeiro no frio das eras glaciais, é verdadeiro agora e será verdadeiro no calor da era escaldante que em breve virá. É claro que a física e a química do ar são importantes para compreender o clima, mas o gerente dos climas é e sempre foi Gaia, o sistema Terra do qual faz parte a biosfera. O erro desastroso da ciência do século XX foi partir do pressuposto de que tudo que precisamos saber sobre o clima pode se originar da criação de um modelo físico e químico do ar nos computadores cada vez mais potentes e, então, supor que a biosfera simplesmente reage passivamente à mudança, em vez de perceber que ela está ao volante. Por termos reconhecido a liderança dos Estados Unidos na ciência, a maior parte do mundo aceitou que sua concepção equivocada fosse verdadeira. Quase tarde demais, os cientistas mais importantes do mundo inteiro estão percebendo que observações e medições reais refutam a concepção do século XX, que vê a Terra como um recurso passivo. Pode ser boa o bastante para as previsões do tempo, mas não para prever o clima das décadas que estão por vir.

A qualidade dos cientistas profissionais individuais nos Estados Unidos é inigualável e são eles que estão observando com exatidão o ambiente global: os nomes de Ralph Keeling e Susan Solomon vêm imediatamente à minha mente, mas existem muitos outros no mesmo nível na Nasa, na Administração Nacional Oceânica e Atmosférica (NOAA, National Oceanic and Atmospheric Administration) e nos departamentos científicos universitários. Os Estados Unidos também se redimem por meio das vigorosas mensagens de Al Gore, Jim Hansen e Steve Schneider. Suas palavras nos tornam todos cientes de quão sério é o aquecimento global, mas, com exceção de E. O. Wilson, Stephen Schneider, Robert Charlson e outros poucos geocientistas, a maioria absoluta se retrairá diante do difícil conceito de uma Terra viva. Nossas respostas e ações corretas para prevenir o pior — ou, mais provavelmente, escapar dele — ainda exigem que a ciência abrace esse conceito e abandone as ideias estéreis da corrente dominante das ciências da Terra e da vida. Uma mudança de visão está surgindo nos Estados Unidos e poderá restabelecer sua liderança nessa parte vital da ciência.

Talvez os cientistas devessem ser recrutados para servir, como foi feito na Segunda Guerra Mundial e com isso não quero dizer algo que lembre apenas o Projeto Manhattan. No Reino Unido, houve uma mudança tectônica nas atitudes de cientistas durante a Segunda Guerra Mundial. Bem me lembro de ser entrevistado para meu primeiro emprego como um recém-graduado em junho de 1941 no Instituto Nacional de Pesquisas Médicas (National Institute for Medical Research), na época em Hampstead. O entrevistador era o diretor do instituto, *Sir* Henry Dale; era também presidente da Royal Society e ganhador do Prêmio Nobel. Era um homem gentil e de inteligência fenomenal, com modos bem diretos. Algumas das primeiras palavras que ele me disse foram: "Deixe de lado todos os pensamentos de fazer ciência aqui — a ciência está suspensa enquanto durar a guerra; tudo que temos a oferecer são problemas *ad hoc* que precisam ser resolvidos hoje ou, melhor, ontem." Ele então acrescentou: "Depois da guerra, voltaremos à ciência real, e a espera terá valido a pena." Obviamente, *Sir* Henry estava errado. A guerra foi um campo fértil para a ciência real quando a lenta e corriqueira pesquisa dos tempos de paz foi colocada de lado. Achei a ciência em tempo de guerra apaixonante e estimulante, e quando a paz chegou fiquei consternado com o retorno da busca de engrandecimento pessoal e da perda do senso de deslumbramento que tanto desfigura a ciência moderna. Lembremos que a penicilina foi inicialmente desenvolvida durante a guerra e todo o conceito de antibióticos nasceu ali. Lembremos também, ao usarmos o micro-ondas, que o magnétron em seu centro foi inventado por Boot e Randal na década de 1940 para melhorar o radar em tempo de guerra. A pesquisa de radar levou diretamente à radioastronomia e uma nova compreensão do universo. Na Alemanha, as pressões para invenção em tempo de guerra levaram von Braun a desenvolver os foguetes que foram a base da ciência espacial, que agora nos permite aceitar com naturalidade os satélites que orbitam a Terra e considerar a exploração planetária por veículos robóticos um luxo ao nosso alcance.

Políticos do mundo desenvolvido reconhecem a mudança climática, mas suas políticas ainda estão no século XX, fundamentadas nos conselhos de lobistas dos ambientalistas e daqueles da comunidade empresarial, que enxergam um enorme lucro no curto prazo vindo de planos energéticos subsidiados. Eles raramente parecem agir sob as recomendações de seus consultores científicos. Em Bali, líderes políticos acordaram em cortar as emissões de carbono em 60% até 2050. De onde é que eles tiraram a ideia de que poderiam fazer uma política para um mundo com mais de quarenta anos de antecedência? É improvável que políticas baseadas em extrapolação injustificável e dogmas ambientais evitem a mudança climática, e não deveríamos sequer tentar implementá-las. Em vez disso, nossos líderes deveriam se concentrar imediatamente na sustentação de suas próprias nações como um habitat viável; poderiam ser inspirados a fazê-lo não apenas por causa de um interesse nacional egoísta, mas como capitães dos botes salva-vidas que suas nações poderiam vir a ser. No início de 2008, o governo do Reino Unido finalmente anunciou um programa para a construção de novas centrais energéticas nucleares. Certamente espero que essa não seja outra das falsas promessas que caracterizaram tantas das eloquentes declarações do governo Blair. Energia nuclear é, de longe, o meio mais efetivo de reduzir a emissão de dióxido de carbono, mas não é esse o motivo mais importante para que rivalizemos com a França e passemos a produzir eletricidade a partir de urânio. O importante é que as cidades exigem um fornecimento constante e econômico de eletricidade que até recentemente veio do carvão e do gás, mas esses recursos estão agora em declínio e não deixam nenhuma alternativa além da energia nuclear. As megacidades que estão começando a emergir demandarão enormes fluxos de eletricidade e somente uma vigorosa e rápida expansão da energia nuclear poderá satisfazê-los num futuro próximo. Essa necessidade se intensifica por termos pouca terra para cultivar alimentos — e a agricultura intensiva exige energia abundante. Com o esgotamento do petróleo, precisaremos sintetizar combustível para a maquinaria móvel de construção, transporte e agricultura. Não é algo difícil de fazer a partir do carvão ou da energia nuclear, mas precisamos começar a nos preparar para isso agora. Poderemos até ter de considerar a síntese direta de alimento a partir de dióxido de carbono, nitrogênio, água e cultura de células.

Haverá um dilúvio de desinformação antienergia nuclear por parte das empresas de energia cuja lucratividade será ameaçada e até de nações que verão seu poder e influência diminuídos. Não acredite em mentiras como aquela que diz que a construção de uma nova fonte de energia nuclear leva de dez a quinze anos. Os franceses precisam de menos de cinco anos para tal e não há nenhum motivo pelo qual deveríamos levar mais, se evitarmos o tempo excessivo gasto nas agências de planejamento, nas salas de tribunal e em audiências públicas. Espero que o movimento verde e seus advogados não mantenham a equivocada oposição à energia nuclear. Boa parte dessa oposição é irracional e fundamentada numa concatenação insustentável de erros e desinformações amplificada pela mídia. Seria bom se jornalistas e editores moderassem o desejo de contar uma história apavorante com a realidade de que, sem um amplo suprimento de energia nuclear, a vida em nossas ilhas poderá, em uma ou duas décadas, declinar a um estado de escassez. Por terem colocado a humanidade em primeiro lugar, e negligenciado Gaia, são muitos os verdes que plantaram as sementes de sua própria destruição e, se persistirem, também a nossa; para mitigar o erro, eles poderiam desistir da tática que tem como fim retardar a energia nuclear. Mais importante, eles estariam então ajudando a impulsionar o bote salva-vidas e não sabotando, como agora, o motor.

É absurdo pensar que nós, no Reino Unido, podemos alterar a resposta da Terra a nosso favor pelo uso de energia eólica ou voltaica solar. Um parque eólico de vinte turbinas de 1 megawatt exige mais de 10 mil toneladas de concreto. Seriam necessários duzentos desses parques eólicos cobrindo uma área do tamanho do Parque Nacional de Dartmoor, que tem cerca de 950 quilômetros quadrados, para se equiparar ao rendimento constante de energia de uma única central energética nuclear ou de carvão. Mais absurdo ainda: seria necessário construir uma central energética nuclear ou de carvão totalmente funcional para cada um desses monstruosos parques eólicos a fim de alimentar as turbinas durante 75% do tempo em que o vento fosse demasiado alto ou baixo. Como se isso não bastasse para condenar a energia eólica, a construção de um parque eólico de 1 gigawatt usaria uma quantidade de concreto de 2 milhões de toneladas, suficiente para construir uma cidade para 100 mil pessoas viverem em 30 mil lares; a fabricação e o emprego dessa quantidade de concreto lançariam cerca de 1 milhão de toneladas de dióxido de carbono no ar. Para sobrevivermos como nação civilizada, nossas cidades precisam de um abastecimento seguro, garantido e constante de eletricidade que somente o carvão, o gás ou a energia nuclear podem proporcionar. E somente com a energia nuclear poderemos ter a garantia de um suprimento constante de combustível. Já vimos quão vulneráveis são os suprimentos de gás com relação à duradoura integridade dos dutos, talvez de 1,6 mil quilômetros de comprimento, e à agressiva política dos autocratas. O carvão é caro no Reino Unido e as importações não são garantidas. Parques eólicos são absolutamente inadequados para o Reino Unido como fonte de energia e, como já sugeri, pouco podem fazer para impedir o aquecimento global, mesmo quando usados numa escala global; além disso, a experiência na Europa Ocidental mostra que são fontes dispendiosas e ineficazes de eletricidade. Você em breve descobrirá isso quando as contas e impostos sobre eletricidade aumentarem para pagar a energia renovável de que não precisamos. Seu dinheiro proverá os lucros fáceis a ser sacados do escoadouro dos subsídios. Essas contas nos são impostas para que políticos possam parecer verdes e bons, e algumas nações europeias enriqueçam. Não fazem nada pela Terra e só contribuirão para aumentar o estresse de nossa ilha-nação e, talvez, levá-la ao colapso final.

A resposta mais frequente dos meus amigos verdes à inflexível mensagem do meu último livro foi: "Você não pode dizer coisas assim. Não deixa espaço para nenhuma esperança." Parece ter sido uma boa crítica, que ajudou a esclarecer minha mente e me permitiu entender por que dizem que mensageiros têm vida curta. Percebi que tinha dito muito sobre a catástrofe iminente, mas quase nada sobre como poderíamos tentar garantir nossa presença duradoura na Terra, dando aos nossos descendentes uma chance no mundo quente que em breve poderá chegar. Somos a elite inteligente entre a vida animal na Terra e, quaisquer que sejam nossos erros, Gaia precisa de nós.

Essa declaração pode parecer estranha depois de tudo que eu disse sobre o modo como os seres humanos do século XX tornaram-se quase um organismo patológico planetário. Mas Gaia levou 3,5 bilhões de anos para desenvolver um animal capaz de pensar e comunicar os próprios pensamentos. Se formos extintos, ela terá poucas chances de desenvolver outro. Aprofundarei esse pensamento mais adiante.

Quando sou advertido de que meu pessimismo desestimula aqueles que melhorariam sua pegada de carbono ou fariam bons trabalhos como plantar árvores, lamento que eu considere que tais tentativas são, na melhor das hipóteses, bobagem romântica, ou, na pior, hipocrisia. Hoje existem agências que permitem que os passageiros aéreos plantem árvores para compensar o dióxido de carbono que seu avião adiciona ao ar sobrecarregado. Têm a mesma função das indulgências outrora vendidas pela Igreja Católica aos pecadores ricos para compensar o tempo que de outra forma passariam no purgatório. Trinta anos atrás, fui insensato e plantei 20 mil árvores, na esperança de restituir à natureza a propriedade rural que tinha comprado. Percebo agora que foi um erro: deveria ter deixado a terra intocada e permitido que emergisse um ecossistema, uma floresta natural, repleta de vida biodiversa e abundante, no próprio ritmo de Gaia. Em vez de uma mera plantação, uma floresta assim poderia evoluir, ou morrer se preciso, à medida que o clima mudasse. Plantar uma árvore não produz um ecossistema da mesma forma que colocar um fígado numa jarra com sangue e nutrientes não produz um homem.

Espero que o ótimo livro *Os senhores do clima*, de Tim Flannery, e meu último livro, *A vingança de Gaia*, tenham alcançado parte de seu propósito. Ambos pretenderam funcionar como alertas, como aquele grito ouvido no passado pelos donos de pub: "Últimos pedidos. Está na hora, cavalheiros!" — um aviso de que, em breve, as portas se fechariam e que poderíamos ser lançados às condições climáticas do lado de fora. Espero que um número suficiente de nós esteja agora ciente de que o mundo exuberante e confortável que conhecemos no passado foi embora para sempre. Mas temo que continuamos a sonhar e, em vez de despertar, inserimos o som do despertador dentro de nossos sonhos.

Talvez, por sermos tão adaptáveis, não estejamos cientes da velocidade com que o mundo está mudando. Se a temperatura média no Reino Unido em janeiro for 7°C, temos a sensação de frio a maior parte do tempo e nos agasalhamos nas manhãs geladas quando sopra um deprimente vento noroeste. Resmungamos: onde está o aquecimento global agora? No verão, a média é de 20°C em julho e desfrutamos uma semana com temperaturas máximas de 30°C, mas grunhimos se cair a 15°C por um mesmo período. Ainda assim, há apenas vinte anos, essas temperaturas de inverno e de verão teriam sido registradas como anormalmente quentes para essas épocas do ano. A precipitação pluvial nos condados orientais do Reino Unido sempre foi baixa, na faixa de 500 milímetros por ano, mas a zona rural sempre foi exuberante e verde, porque permanecia fresca durante o verão. Em comparação, o Arizona, que tem uma precipitação pluviométrica semelhante, é quase inteiramente cerrado e deserto simplesmente por ser bem mais quente e pelo fato de a chuva que cai secar inteiramente ou escorrer para dentro dos canais antes que as plantas possam aproveitá-la. Nosso condado mais ao sudeste, Kent, já está com escassez crescente de água, e o sul da Europa é agora quase um deserto. A adaptação, como animais individuais, não é tão difícil: quando uma tribo muda das regiões temperadas para as tropicais, leva apenas algumas gerações para que os indivíduos se tornem mais escuros à medida que a seleção elimina os de pele clara. Também é assim com todos nós: nosso mundo mudou para sempre, e teremos de nos adaptar a muito mais que a mudança climática. Mesmo durante meu tempo de vida, o mundo encolheu em relação àquele que era bastante vasto para fazer da exploração uma aventura e incluía muitos lugares distantes onde ninguém tinha jamais caminhado. Agora, tornou-se quase uma cidade interminável, encravada numa agricultura intensiva, mas domesticada e previsível. Em breve, poderá reverter novamente a uma selva. Para sobreviver nesse novo mundo, precisamos de uma filosofia Gaiana e precisamos nos preparar para combater um chefe militar bárbaro disposto a nos capturar e a se apoderar de nosso território.

Exceto por uma eventual inundação desastrosa, onda de calor excessiva ou temperatura congelante inteiramente inesperada, o clima no Reino Unido mudará lenta e imperceptivelmente no início. Pessoas em cidades como Londres esquecerão que, mesmo nos dias de bonança não muito distantes, o ar-condicionado quase nunca era necessário no verão, enquanto meu colega Gari Owen me lembra que Londres em 2006 usou mais energia para esfriar que para aquecer. Em curto prazo, não é provável que aconteça aqui algo muito exagerado com o clima, algo que instigasse uma rebelião. O que poderia fazê-lo são as consequências desastrosas da elevação do nível do mar, levando à destruição de uma grande cidade ou ao colapso do abastecimento de alimentos ou eletricidade. Esses perigos serão agravados pelo fluxo sempre crescente de refugiados climáticos, ao qual se somará o fluxo de repatriados que deixaram o Reino Unido por aquilo que imaginaram que seria uma vida agradável na Europa. Os perigos mais graves não provêm da mudança climática em si, mas indiretamente da fome, disputa por espaço e recursos e guerra tribal.

Em um pequeno grau, a difícil situação dos britânicos em 1940 lembra o estado do mundo civilizado agora. Naquela época, tínhamos quase uma década da crença bem-intencionada, mas inteiramente equivocada, de que a paz era tudo o que importava. Os seguidores dos lobistas da paz dos anos 1930 eram parecidos com os movimentos verdes agora; as intenções eram mais que boas, mas inteiramente impróprias para a guerra que estava prestes a começar. A falha fundamental dos lobistas verdes de agora se revela no próprio nome Greenpeace; por aglutinarem o humanismo dos movimentos pela paz com o ambientalismo, eles inconscientemente antropomorfizam Gaia. Está na hora de despertar e perceber que Gaia não é nenhuma mãe acolhedora que acalenta os seres humanos e que pode ser aplacada por gestos como comércio de carbono ou desenvolvimento sustentável. Gaia, mesmo que façamos parte dela, sempre dita os termos da paz. Em maio de 1940, despertamos para descobrir, encarando-nos do outro lado do canal da Mancha, uma força continental inteiramente hostil prestes a nos invadir. Estávamos sozinhos, sem nenhum aliado efetivo, mas tivemos a sorte de ter um novo líder, Winston Churchill, cujas palavras comoventes sacudiram a nação inteira de sua letargia: "Nada tenho a oferecer, senão sangue, trabalho duro, lágrimas e suor." Precisamos de um outro Churchill agora, que nos tire do pensamento insistente, acomodado e consensual de fins do século XX e una a nação num esforço resoluto de travar uma guerra difícil. Precisamos de um líder que instigue todos nós, mas especialmente atice aqueles jovens ativistas verdes que tão bravamente protestaram contra todas as formas de profanação dos campos. Onde estão os batalhões de "Terra acima de tudo" e para onde foram Swampy* e seus amigos?

O que mais me comoveu quando escrevia este livro é o pensamento de que nós, seres humanos, somos importantes em termos vitais como parte de Gaia, não através do que somos agora, mas pelo nosso potencial como espécie para sermos os progenitores de um animal muito melhor. Gostemos ou não, somos agora seu coração e mente; mas, para continuarmos a melhorar esse papel, teremos de garantir nossa sobrevivência como espécie civilizada e não retroceder a um aglomerado de tribos guerreiras, que foi um estágio de nossa história evolutiva. Fico emocionado com a ideia de que o sistema Terra, Gaia, tem mais de um quarto da idade do universo e que tudo isso para que evoluísse uma espécie capaz de pensar, comunicar e guardar pensamentos e experiências. Como parte de Gaia, nossa presença começa a tornar o planeta mais consciente. Deveríamos estar orgulhosos de poder fazer parte desse gigantesco passo, aquele que poderá ajudar Gaia a sobreviver enquanto o Sol continua seu lento mas inevitável aumento da produção de calor, fazendo do sistema solar um ambiente futuro cada vez mais hostil. Temos de fazer tudo que pudermos, e o Capítulo 5 trata das ideias que agora circulam entre cientistas e engenheiros que poderiam reverter a mudança climática. São, até agora, inexperientes, inseguros e possivelmente perigosos, um pouco como a medicina e cirurgia do século XIX. Se conseguirmos manter a civilização viva durante todo este século, talvez exista uma chance de que nossos descendentes algum dia sirvam

---

* "Pantaneiro", apelido de Daniel Hooper, um dos mais conhecidos "ecoguerreiros" do Reino Unido. (*N. do T.*)

Gaia e a auxiliem na autorregulação delicadamente ajustada do clima e da composição do nosso planeta.

Desfrutamos 12 mil anos de paz climática desde a última mudança da era glacial para a interglacial. Não demorará muito e poderemos nos defrontar com uma devastação de alcance planetário pior até que uma guerra nuclear ilimitada entre superpotências. A guerra climática poderia matar quase todos nós e deixar os poucos sobreviventes com um padrão de vida comparável ao da Idade da Pedra. Mas em vários lugares do mundo, inclusive no Reino Unido, temos uma chance de sobreviver e, até mesmo, de viver bem. Para que isso seja possível teremos, neste momento, de deixar nossos botes salva-vidas em condições de enfrentar o mar. Mesmo que algum evento natural, como uma série de grandes erupções vulcânicas ou um decréscimo da radiação solar, nos dê uma trégua, ainda assim terá sido melhor gastar nosso dinheiro e nossos esforços tornando nossos países autossuficientes em alimentos e energia e, se quisermos nos tornar inteiramente urbanos, então, na criação de cidades nas quais tenhamos orgulho em viver.

2

A *previsão climática*

No capítulo anterior fiz algumas declarações veementes sobre o clima futuro e as consequências para todos nós. O leitor bem poderia questionar com que autoridade as faço. Por que você deveria ler — quanto mais acreditar em — um cientista solitário quando o consórcio da maioria dos profissionais do clima do mundo, o IPCC, parece expressar um consenso bem mais suave sobre mudança climática? Minhas qualificações estão relacionadas na minha autobiografia, *Homage to Gaia* [Homenagem a Gaia], mas o que torna minha previsão do clima futuro diferente não é simplesmente uma questão de divergência entre cientistas, embora isso seja bem normal e saudável; falo abertamente e com tanto vigor de catástrofe porque sou um cientista influenciado pelas evidências que se originam da Terra, e interpretadas através da teoria de Gaia. Trabalho independentemente e não presto contas a nenhuma agência humana — uma religião, um partido político, uma agência comercial ou governamental. A independência me permite considerar a saúde da Terra sem a limitação de que o bem-estar da humanidade vem em primeiro lugar. Assim, considero a saúde da Terra primordial, pois nossa sobrevivência depende inteiramente de um planeta sadio. O que me inspirou a escrever este livro foi ouvir dizer em outono de 2007 que o IPCC tinha chegado a um consenso sobre o clima futuro. Conheço e respeito os cientistas do IPCC e vários deles são amigos pessoais, mas fiquei perplexo ao saber que eles tinham chegado a um consenso sobre uma questão de ciência. Sei que tal palavra não tem lugar no léxico da ciência; é uma palavra boa e útil, mas pertence ao mundo da política e da sala do tribunal, onde chegar a um consenso é uma maneira de resolver diferenças humanas. Cientistas estão preocupados com probabilidades, nunca com certezas nem concordância consensual. (O livro *The Unnatural Nature of Science* [*A natureza antinatural da ciência*], de Lewis Wolpert, é uma ótima introdução a essas diferentes maneiras de pensar.) O IPCC é, potencialmente, o vínculo mais efetivo que temos entre ciência climática e questões e política humanas: foi muito ruim ver um honesto conjunto probabilístico de previsões por meio de modelos apresentado como um consenso; mas quando, além disso, vi quão enormemente as observações climáticas no mundo real diferiam das previsões de modelos climáticos do IPCC feitas poucos anos atrás, percebi que precisava me pronunciar claramente.

Além disso, parece que havia pouco entendimento a respeito dos grandes perigos que enfrentamos. Os receptores das previsões climáticas, a mídia, órgãos governamentais, o mercado financeiro — normalmente tão ingênuos quanto adolescentes ruborizados — e as companhias de seguro, todos parecem relativamente impassíveis diante da mudança climática e continuaram mantendo as coisas funcionando da mesma maneira de sempre até que seu mundo, a economia global, quase desmoronou. De fato, a única mudança perceptível na vida normal é a ânsia sempre crescente de parecer verde, dificultada ainda mais pelas limitações econômicas acarretadas por uma incipiente recessão.

Gostaria de ter mais confiança na nossa capacidade de prever o clima de 2050. Lembro-me bem demais das previsões para o presente momento feitas nos anos 1960. Nenhuma delas teve um vislumbre sequer das mudanças climáticas que aconteceram; de fato, a maioria pensou que uma era glacial seria mais provável que um aquecimento global. As melhores apostas para a vida do século XXI tinham em comum a visão do grande profeta Herman Kahn, que previu um propício mundo de alta tecnologia em que todos viveriam no padrão de Scarsdale, o bairro próximo a Nova York em que ele morava. Se examinarmos a classe média florescente da Índia e da China agora, ele não estava muito errado. Kahn era capaz de prever os rumos do mundo humano, mas totalmente ignorante sobre a Terra e as consequências do rápido crescimento da população, da agricultura e da indústria no consumo intensivo de energia. Tão confiantes quanto Kahn, nossos políticos agora falam com convicção sobre um mundo em 2050 ajustado para 8 bilhões de pessoas vivendo numa Terra 2°C mais quente, com a temperatura estabilizada e as emissões reguladas. Eu me pergunto se um Painel Intergovernamental de Mudanças Econômicas seria tão otimista em relação a 2050. Deploramos os hábeis manipuladores que "descartam e embolsam" na venda a descoberto de um banco, mas elogiamos governos que fornecem subsídios para remédios milagrosos para os males climáticos e dinheiro fácil para as firmas que os vendem. Parece que ainda achamos que no meio do século desfrutaremos de um mundo bem dirigido e confortável sob a gestão e administração humana. Nos anos 1960, não tínhamos nenhuma consciência de que habitávamos um planeta vivo cujas necessidades estão em conflito com as nossas. É fácil demais fazer suposições sobre o futuro quando todos imaginamos que a vida será muito parecida com a de hoje, salvo alguns poucos detalhes interessantes ou desagradáveis. É por isto que Kahn teve tanto sucesso. Sua mensagem era clara: continuem a levar a vida como sempre e todos estaremos bem — exatamente o que queríamos ouvir. Não vejo nenhuma mudança significativa entre as recomendações dele e as dos nossos políticos e respectivos conselheiros de agora. Sem dúvida, eles cercam suas apostas com declarações aparentemente verdes e metas de desenvolvimento sustentável, mas poderia isso fazer mais que os discursos que fazem no Parlamento?

Não sou do contra; ao contrário, respeito muito os climatologistas do IPCC — e preferiria acreditar que suas conclusões sobre climas futuros são verdadeiras. Não gosto da discussão pela discussão, mas não posso ignorar as grandes diferenças que existem entre as previsões deles e o que se observa.

Nas questões humanas, sabemos que "aquele que hesita está perdido"; cientistas sociais falam de "dissonância cognitiva", que o criador da expressão, Leon Festinger, definiu como a sensação de desconforto que sentimos ao tentar defender simultaneamente duas ideias contraditórias e a ânsia de reduzir a dissonância pela modificação ou rejeição de uma das ideias. Ela opera quando escolhemos entre objetos quase iguais e, tendo escolhido, atribuímos à nossa escolha uma grande vantagem em relação à alternativa, para que possamos ter o prazer de rejeitá-la. O processo de decisão deve fazer parte de nossa herança genética; precisamos dessa certeza nas transações humanas. Temos de escolher e, então, ter fé na nossa escolha; isto se aplica aos empregos que aceitamos, a como votamos, às compras que fazemos e aos casamentos com os quais nos comprometemos. Aplica-se também a um juiz ou júri, mas é totalmente inútil em ciência. Contudo, cientistas são humanos e nunca estamos inteiramente livres da força da dissonância cognitiva.

A variedade de previsões dos diferentes modelos do IPCC é tão extensa que é difícil acreditar que sejam bastante confiáveis para serem empregados por governos no planejamento de uma política para abrandar a mudança do clima. É uma tentativa corajosa numa tarefa científica extremamente difícil e provavelmente temos grandes expectativas em relação a eles: seria errado imaginar que a opinião do painel fosse revestida de verdadeira autoridade. O principal motivo para a dúvida é o fato de que as previsões não estão de acordo com as evidências de alta qualidade obtidas por cientistas cujo trabalho é medir e observar. Estas revelam o fracasso do IPCC em prever corretamente o curso da mudança climática até 2007, algo que apresentarei em detalhe mais adiante. Além disso, a história de longo prazo da Terra revela a existência de vários estados climáticos estáveis, mas bem diferentes, e tal existência não é prevista pelos modelos climáticos de hoje. Acredito nas observações dos cientistas que fazem medições do clima e igualmente nas observações impessoais e onividentes dos satélites que veem incansavelmente a Terra do espaço e os observadores oceânicos automáticos que registram continuamente o estado das águas. Contudo, tenho bem menos confiança nos modelos que preveem climas futuros. Não deveríamos esperar que os modelos climáticos fossem confiáveis — apenas recentemente eles evoluíram das necessidades de curto prazo da previsão do tempo e são limitados por uma teoria climática baseada quase inteiramente na física atmosférica, e mesmo ela está longe de ser completa. A ciência é boa dentro de suas limitações, mas um pleno conhecimento do clima envolve bem mais que apenas a física atmosférica. Cientistas criteriosos em vários dos principais centros climáticos estão fazendo grandes esforços para construir modelos climáticos mais abrangentes, mas certamente é insensato que os governos baseiem políticas para daqui a quarenta anos em previsões feitas vários anos atrás por modelos reconhecidamente incompletos.

Quais as evidências para achar que o IPCC pode estar subestimando a gravidade da mudança climática? Em maio de 2007, um artigo de uma página foi publicado na revista *Science* por um grupo de autores, todos climatologistas eminentes (Rahmstorf *et al.*). O Gráfico 1 é extraído desse artigo, para ilustrar os achados.

No painel inferior, a zona cinza e larga indica as previsões do IPCC de elevação do nível do mar até 2007, e a linha sólida superior e o conjunto de pontos ligados representam as medições médias e individuais do nível do mar de 1970 a 2007. O nível do mar medido subiu a uma velocidade 1,6 vez maior que a prevista. Existem discrepâncias semelhantes, embora menores, nas previsões de temperatura, e elas são mostradas no painel superior. A zona sombreada é novamente a variedade de previsões do IPCC, enquanto a linha errática que liga os pontos (x) é a temperatura média global observada. A discrepância não é tão grande quanto a do nível do mar, mas ainda assim é séria, considerando-se que estamos comparando as previsões com aquilo que realmente aconteceu.

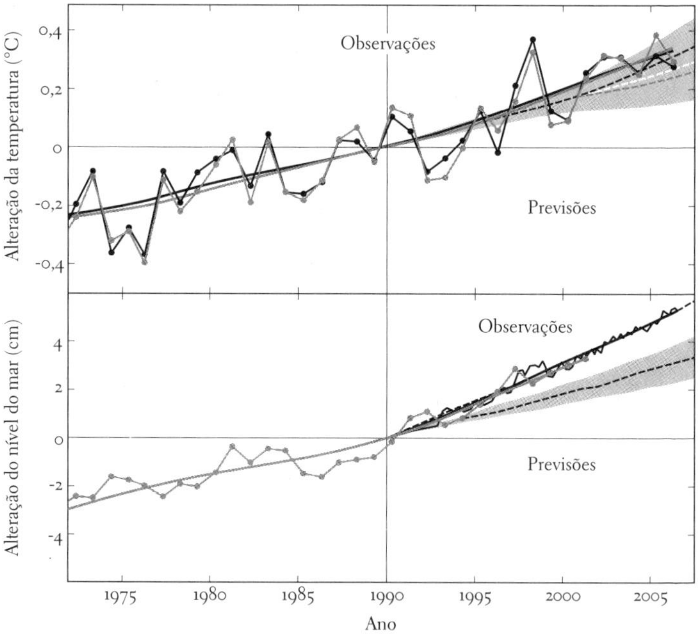

Gráfico 1. *Painel superior: comparação das observações de temperatura média global (pontos ligados) com previsões do modelo climático (zona cinza e linhas tracejadas). Painel inferior: comparação do nível do mar observado (pontos ligados) com previsões do modelo climático (zona cinza e linhas tracejadas). Os dois painéis mostram o período de 1970 a 2007.*

Para mim, o dado quantitativo mais importante não é a temperatura média global, mas a quantidade de calor que a Terra absorveu do Sol. A temperatura média global é como o saldo de uma conta corrente, que inevitavelmente varia de um dia para outro; o calor total absorvido é uma indicação das reservas.

A elevação do nível do mar é a melhor medida disponível do calor absorvido pela Terra, porque se origina de apenas duas causas principais: o derretimento das geleiras no solo e a expansão do oceano à medida que ele se aquece — em outras palavras, o nível do mar é um termômetro que indica o verdadeiro aquecimento global. Examine novamente o Gráfico 1 e note como o nível do mar sobe progressivamente, mas a temperatura média global flutua ano a ano. Schneider me diz: ainda que regionalmente mais relevante, a altura da atmosfera é uma medida similar do calor total absorvido. Assim como o oceano, o ar se expande à medida que se aquece.

A próxima evidência contrária provém das observações da área do oceano Ártico coberta de gelo flutuante durante o verão. Em 1980 e anos anteriores, a área coberta em final de setembro (quando a cobertura de gelo é mínima depois de um verão de derretimento) exibiu 10 milhões de quilômetros quadrados de gelo, uma área aproximadamente igual à dos Estados Unidos. Em 2007, tinha caído a 4 milhões de quilômetros quadrados. O Gráfico 2 compara a faixa de previsões do IPCC com o declínio observado do gelo flutuante. A discrepância é enorme e sugere que, se o derretimento continuar nesse ritmo, o oceano Ártico no verão estará quase sem gelo num prazo de quinze anos. A previsão do IPCC sugere que antes de 2050 isso é improvável.

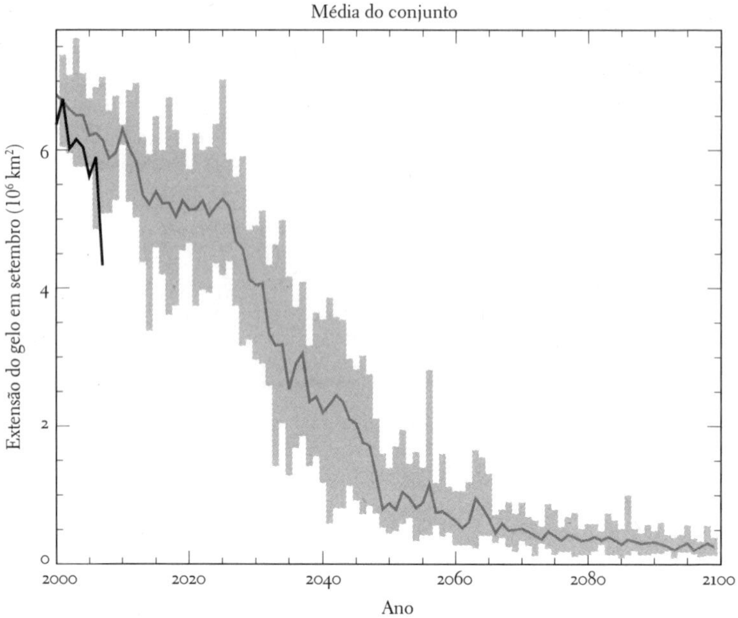

Gráfico 2. As *previsões de modelo do IPCC da extensão de gelo cobrindo o oceano Ártico no verão (zona cinza com uma linha contínua que representa a média em seu centro) e a cobertura de gelo observada (linha contínua à esquerda do gráfico).*

O derretimento do gelo flutuante não eleva significativamente o nível do mar, como poderia ter explicado Arquimedes se lhe perguntassem, mas faz diferença para a quantidade de calor que a Terra recebe do Sol. O gelo branco coberto de neve reflete 80% da luz solar ao espaço, mas a água escura do mar reflete apenas 20% da luz solar que a atinge. Se todo o gelo flutuante derretesse, o calor extra da bacia Ártica seria de 80 watts por metro quadrado, o que em média representa um aumento de 1 watt por metro quadrado sobre toda a Terra. Trata-se de um aumento realmente significativo da carga de calor da Terra. Em perspectiva, o calor extra que será absorvido quando o gelo flutuante tiver desaparecido é quase 70% do aquecimento causado por toda a poluição por dióxido de carbono atualmente.

A terceira evidência vem de um artigo de Jeffrey Polovina no periódico *Geophysical Research Letters*, publicado em 2008. Ele e seus colaboradores relataram as observações por satélite de áreas oceânicas da Terra, feitas do espaço, e mostraram um declínio progressivo na população de algas oceânicas. Os autores comentam que a área estéril do oceano aumentou em 15% nos últimos nove anos e é devido ao aquecimento global, que tornou as águas superficiais mais mornas e menos misturadas com as águas do fundo, ricas em nutrientes. A existência das algas agiria no sentido de esfriar a Terra por diversos mecanismos, entre eles a remoção do dióxido de carbono do ar, de maneira que o aquecimento das águas é mais um fator do ciclo vicioso do aquecimento global. Num artigo publicado na revista *Nature* em 1994, o cientista americano Lee Kump e eu criamos um modelo geofisiológico desse fenômeno e fizemos um alerta quanto ao feedback positivo inerente sobre o aquecimento global. Mas, até onde sei, o fenômeno ainda não foi incluído nos modelos dos profissionais do clima. Entretanto, é agora um fato estabelecido da observação e outra previsão da teoria de Gaia comprovada.

Se não conseguimos prever o que já aconteceu, como podemos ter confiança nas previsões para daqui a quarenta ou noventa anos? Contudo, qualquer ação política ou iniciativa governamental para combater a mudança climática parece pressupor que o IPCC está, na pior das hipóteses, fazendo suposições bem fundamentadas.

Além das discrepâncias entre os modelos e as observações, a teoria de Gaia prevê um curso diferente de mudança climática decorrente da poluição pelo dióxido de carbono. A teoria é aceita, mas ainda não é utilizada na prática pelos climatologistas porque geralmente eles ainda não estão preparados para ela; em alguns aspectos, eles são como estudantes de matemática que percebem o valor do cálculo, mas ainda não têm um treino suficiente para utilizá-lo. Consequentemente, os climatologistas, mesmo quando reconhecem a vitalidade da Terra, ainda agem como se ela fosse um planeta morto como Marte ou Vênus, porque é bem mais fácil criar modelos para esses planetas.

Cientistas profissionais geralmente são especialistas qualificados em uma disciplina específica ou em grupos de disciplinas. Praticamente, toda a ciência climática situa-se no território da física atmosférica. Esses físicos navegam modelos climáticos enormes que residem em computadores possantes, tão grandes e difíceis de manejar como os navios de guerra blindados dos séculos passados. Felizmente, os capitães dos navios são corajosos meteorologistas e demonstraram seu valor em uma das linhas de frente da ciência, a previsão meteorológica. Poucos outros cientistas têm seus erros sujeitos a um *post mortem* tão crítico e público quanto os meteorologistas que fazem a previsão do tempo. Todos nós sabemos quão impenetrável é o conjunto de programas que roda no nosso desktop ou laptop. Imaginemos simplesmente como deveria ser um modelo climático de circulação geral se ele precisasse de um computador mil vezes mais potente que aquele que está em nossa mesa.

Perder-se nas vastas complexidades dos modelos computacionais é tão fácil como o é em um encouraçado. Certa vez, tive a infelicidade de me perder nas entranhas de um grande navio de guerra e lembro-me consternado dos intermináveis corredores, portas à prova de água e escadas verticais que ligavam os compartimentos do interior do navio. Esses navios se tornaram labirintos tridimensionais tão intricados que correm rumores de que residentes suspeitos tenham criado áreas proibidas para eles mesmos ali. A frota de modelos do IPCC conduzida pelo almirante Pachauri avança em um mar inteiramente alienígena. Como acontece com frequência nas guerras, as naves de combate (sendo modelos da guerra climática) já estão obsoletas, mas ainda não completas; os construtores ainda encontram-se a bordo e alguns deles murmuram: "Eles realmente deveriam ter construído alguma coisa bem diferente." Mas existe pouco que eles ou o almirante possam fazer. A atmosfera, cuja física eles modelam, não é um simples presente do passado geológico da Terra; é, com exceção de 1% dos assim chamados gases raros ou nobres, na sua totalidade, o produto de organismos vivos na superfície. Pior ainda, esses organismos, e isso inclui os seres humanos, são capazes de alterar suas entradas e saídas de gases sem deixar que o almirante saiba. Os aliados de hoje, os micro-organismos do solo e do oceano que ajudam a esfriar o clima, podem se tornar os inimigos de amanhã, e adicionar dióxido de carbono em vez de removê-lo. Além disso, o ar costuma — ou melhor, costumava, antes que os seres humanos começassem a modificá-lo — ser mantido dinamicamente numa composição constante e que sustentava um clima habitável.

A ciência planetária de base, que deveria ser o alicerce da climatologia profissional, encontra-se em um estado de alteração contínua e conflito há pelo menos duzentos anos. Muitos filósofos naturais do século XIX e anteriores perceberam que havia uma ligação entre vida e a Terra material, mas mesmo Erasmus Darwin, T. H. Huxley e V. Vernadsky não foram muito além de uma especulação informal. Ciência verdadeira, que é a construção de hipóteses testáveis, não aconteceu nesse campo antes do século XX, quando o reconhecimento de ligações entre vida na superfície e no oceano levou os grandes, mas pouco reconhecidos, cientistas G. E. Hutchinson, A. C. Redfield e Lars Sillen a pesquisar a bioquímica do oceano e da superfície terrestre. É bem natural que tivessem dado à sua ciência o nome de biogeoquímica e a tenham estabelecido como uma disciplina distinta — disciplina esta em destaque na ciência europeia nos dias de hoje. É importante notar que a biogeoquímica, assim como a bioquímica na ciência médica, não é uma ciência de sistemas. Não se trata de uma fisiologia da Terra, e poucos biogeoquímicos gostariam de imaginar a Terra de alguma forma viva. Para quem não está familiarizado com as sutilezas da nomenclatura científica, a última ciência em um nome composto desse tipo é geralmente a líder e, consequentemente, bioquímicos e biogeoquímicos são químicos por qualificação que estão trabalhando com vida e seus produtos, enquanto a biofísica é feita por físicos trabalhando em temas biológicos.

A geofisiologia, a disciplina da teoria de Gaia, teve suas origens na hipótese de Gaia dos anos 1960. A geofisiologia vê os organismos da Terra evoluindo por meio da seleção natural darwiniana num ambiente que é o produto de seus ancestrais, e não simplesmente uma consequência da história geológica da Terra. Logo, o oxigênio da atmosfera é quase integralmente o produto dos organismos fotossintéticos, e sem ele não haveria animais nem invertebrados, nem queimaríamos combustíveis, lançando dióxido de carbono no ar. Acho surpreendente que os biólogos tenham levado tanto tempo, mesmo que de má vontade, para reconhecer que os organismos adaptaram-se não ao mundo estático, cômoda mas erroneamente descrito por seus colegas geólogos, mas a um mundo dinâmico construído pelos próprios organismos.

Por causa dessa separação cômoda e tipicamente humana do problema climático da Terra, em províncias de distintas especialidades, dificilmente algum cientista consegue enxergar um tópico que envolva toda a Terra, inclusive seres humanos, organismos vivos, o oceano, a atmosfera e rochas superficiais. Acima de tudo, a separação impede que eles vejam a Terra como um sistema interativo dinâmico ou, como eu diria, de alguma forma vivo. Cientistas, você sabe, prefeririam continuar fazendo aquilo em que se especializaram — sua rotina comum — a voltar e assumir a tarefa quase impossível de aprender pelo menos outros dois ramos importantes de ciência. Não seria tão ruim se houvesse mais profissionais generalistas para servir de intérpretes entre eles.

O eminente climatologista James Hansen, chefe do Instituto Goddard de Estudos Espaciais (Goddard Institute for Space Studies), da Nasa, localizado em Nova York, indicou a necessidade de uma redução muito maior de dióxido de carbono que aquela recentemente proposta pela União Europeia (UE). Hansen afirmou que o limite de 550 partes por milhão (ppm) proposto pela Europa é demasiadamente alto e que deveria ser de até 350ppm caso a humanidade deseje manter um planeta semelhante àquele em que a civilização se desenvolveu. Suas contundentes declarações se fundamentam nas recentes observações e na história climática da Terra, e embora não o diga explicitamente, creio que ele percebe que modelos baseados apenas na física atmosférica não são capazes de prever o clima futuro.

Um modelo simples (ilustrado no Gráfico 3), fundamentado na teoria de Gaia, confirma o ponto de vista de Hansen e sugere um progresso climático bem diferente daquele do IPCC.

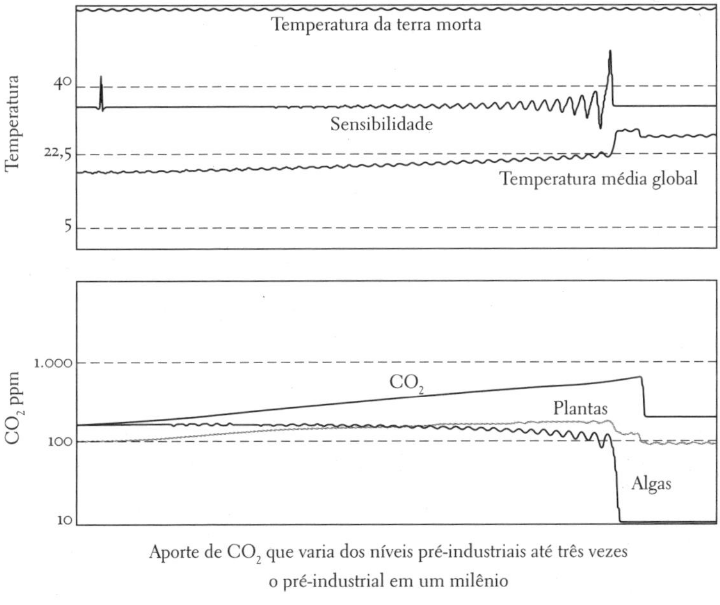

Gráfico 3. *Mudança climática no planeta-modelo em que, como descrito no texto, o dióxido de carbono de sua atmosfera aumenta progressivamente. O painel superior mostra a mudança de temperatura global em graus Celsius e a sensibilidade do modelo (a velocidade em que a temperatura aumenta à medida que aumenta o dióxido de carbono). O painel inferior ilustra as mudanças nas algas oceânicas e na área de plantas terrestres e a abundância de dióxido de carbono.*

O gráfico ilustra as previsões de mudança de temperatura num planeta-modelo simples. Pressupõe-se que o planeta orbite o Sol à mesma distância que a Terra e seja habitado por dois ecossistemas principais: algas nos oceanos e plantas terrestres. A mudança de temperatura à medida que aumenta a abundância de dióxido de carbono é determinada no modelo pelas equações que vinculam planta e crescimento de algas com a temperatura e equações que ligam sua presença com o dióxido de carbono e as nuvens na atmosfera. A geofísica, assim como a biologia, é igualmente importante no modelo. Em particular, a física oceânica determina que a água superficial quente separa-se e flutua sobre águas mais frias abaixo, a temperaturas maiores que cerca de 12°C e, portanto, nega às algas os nutrientes necessários para o crescimento. Em terra firme, a temperaturas acima de aproximadamente 24°C, a água da chuva evapora bastante rápido para deixar o solo seco entre as chuvas. Essas duas propriedades físicas da água bruta determinam o limite superior da temperatura para o crescimento de plantas e algas em seus ambientes locais. O modelo é uma mistura de equações diferenciais totalmente não lineares, mas os fortes feedbacks negativos e positivos que ligam a biosfera à composição atmosférica e ao clima refreiam a evolução do modelo e evitam inteiramente as digressões para o caos; mesmo assim, é um modelo dinâmico, não de equilíbrio. Nesse contexto, uma coisa dinâmica está viva, enquanto uma coisa em equilíbrio está morta, como a diferença entre uma pessoa viva e uma estátua de pedra. Ambas podem permanecer de pé, mas a pessoa o faz ativamente e desmoronaria se estivesse morta.

Embora muito simples, esse tipo de modelo é usado por climatologistas para diagnosticar o comportamento de modelos climáticos maiores, mas aquele mostrado é fora do comum ao considerarmos o grau em que a vida no planeta está ligada ao clima.

Fiz um experimento com esse planeta-modelo para ver o que aconteceria se dióxido de carbono fosse adicionado da maneira como estamos fazendo agora à Terra. Constatei que, à medida que ele era adicionado, a temperatura global alterava-se de início bem ligeiramente, e o motivo era que o sistema ainda estava se adaptando e resistia à perturbação. Mas, à medida que a abundância do dióxido de carbono se aproximava de 400ppm no ar, apareciam sinais de instabilidade, demonstrados pela amplificação de pequenas flutuações de temperatura. É importante reconhecer que sistemas autorreguladores dinâmicos como você, eu ou a Terra irão, se submetidos a um estresse suficiente, mudar de um momento estabilizador para um desestabilizador. Quando isso acontece, tornam-se intensificadores da mudança. Como intensificadores, eles não diferenciam entre aquecimento e esfriamento, de modo que um pequeno decréscimo do aquecimento tem um efeito maior do que pode ser estimado e pode causar uma queda perceptível na temperatura. Então, subitamente, entre 400ppm e 500ppm de dióxido de carbono, um pequeno aumento de calor ou de dióxido de carbono causa uma súbita elevação de 5°C na temperatura. Depois disso, o planeta-modelo volta a se estabilizar e resiste a aumentos adicionais de dióxido de carbono. A estufa atmosférica da Terra está agora muito acima de 400ppm (o dióxido de carbono está perto de 390ppm, mas o metano, o óxido nitroso e os CFCs aumentam o efeito total para um valor mais próximo de 430ppm de dióxido de carbono).

O experimento também incluiu a remoção repentina de todo o dióxido de carbono acrescentado logo depois do estado quente ter sido atingido. Apesar de o dióxido de carbono ter caído para 280ppm, o planeta-modelo permaneceu no estado quente. Se o modelo lembra a Terra real, então sugere que a estabilização só é possível nos termos de Gaia em cinco graus mais quente que agora, ou no clima estável anterior, há cerca de duzentos anos, no período pré-industrial, ou em sete graus mais frio de uma glaciação.

O experimento-modelo também levanta a questão da validade da constante chamada sensibilidade, usada em quase todos os grandes modelos climáticos, como os do IPCC. Define-se como elevação de temperatura o estado em que o dióxido de carbono no ar dobra de valor. A matemática permite que sensibilidade seja uma constante se as equações do modelo forem lineares; o obscuro termo "não linear" implica que propriedades como temperatura não são diretamente proporcionais a outras, como dióxido de carbono, mas estão ligadas de tal modo que variam com a alteração. No mundo real e no modelo simples do Gráfico 3 as ligações entre clima e crescimento são geralmente bastante não lineares. Tal não linearidade é a causa da transição de um feedback negativo para positivo à medida que nos aproximamos do ponto crítico do salto de temperatura; neste, a sensibilidade, como ilustra o gráfico, não é mais uma constante, mas sim flutua. É constante somente no equilíbrio dinâmico de estado estacionário ou no equilíbrio artificial de um modelo linear.

Examinemos cuidadosamente o painel superior do Gráfico 3 e notemos como a sensibilidade cai a um ponto mínimo logo antes de a temperatura dar o salto para o estado quente estável. O mesmo efeito é observado, embora de modo menos marcante, na temperatura. Se esse efeito representa verdadeiramente a resposta da Terra ao dióxido de carbono crescente, é aterrorizante porque implica que, antes do salto final para um mundo deserto, o clima se tornará novamente mais frio por um breve período. Isso constitui um aviso de que um verão frio, ou mesmo uma série deles, não prova que o aquecimento global terminou.

Estes são alguns dos motivos que me fazem duvidar da sensatez de aplicar o consenso do IPCC a políticas para um futuro tão distante. Além desses motivos de dúvida, todos baseados em evidências diretas da Terra, eu gostaria de me concentrar firmemente em outra questão importante na criação de modelos climáticos e previsão climática. Qual é o efeito sobre o clima das nuvens e aerossóis no ar?

A maioria dos leitores deste livro já se sentou no assento da janela de um avião e olhou para baixo, para a terra. Em um dia claro, do nível do solo, quando erguemos o olhar, muitas vezes vemos um céu azul límpido e sem nuvens, mas, logo depois da decolagem, se dirigirmos o olhar para baixo, veremos uma névoa branca obscurecendo ligeiramente a terra abaixo. É esse o aerossol atmosférico onipresente que reflete a luz solar de volta ao espaço e torna o aquecimento global menos grave do que, do contrário, seria. Tal névoa origina-se, basicamente, da poluição dos carros, indústria e agricultura, mas parte dela vem das algas no oceano, e sobre os grandes oceanos do hemisfério sul os produtos gasosos da vida oceânica e o pó soprado dos desertos são a fonte principal da névoa. Nuvens, quando próximas do solo, refletem a luz solar como fazem os aerossóis; mas nuvens de grandes altitudes, por exemplo, o cirrus, que anuncia a proximidade de uma depressão em aproximação ou os rastros de fumaça do avião a jato, contribuem para o aquecimento global. Finalmente, a névoa e as nuvens afetam-se reciprocamente. A névoa no ar úmido torna-se nuvem e o brilho das nuvens é ampliado pelas partículas de névoa; as nuvens também podem apressar a remoção da névoa do ar.

Em 2004, dois colaboradores do IPCC, Peter Cox e Meinrat Andreae, levantaram a questão: o que acontecerá ao aquecimento global se a névoa de poluição desaparecer repentinamente? Seus artigos na revista *Nature* advertiram que, se a névoa desaparecesse, o aquecimento global se intensificaria e a consequência poderia ser uma mudança perigosa.

Em 2008, um grupo chefiado por Peter Stott, do Hadley Center (parte integrante do Gabinete de Meteorologia — Meteorological Office — do Reino Unido), examinou o fenômeno em um artigo cuidadoso e bem elaborado no periódico *Tellus*: o "obscurecimento global", revelaram eles, é complexo mesmo como um problema puramente geofísico. De acordo com seus cálculos, a súbita remoção da névoa poderia levar a um aumento modesto ou grave do aquecimento. Começo agora a perceber por que o amigo da minha esposa, Robert Charlson, se mostra tão relutante em se posicionar com relação a aerossóis da poluição e mudança climática. Mesmo assim, não há muitas dúvidas entre qualquer um desses eminentes climatologistas de que a presente névoa de poluição reduz o aquecimento global, ou que sua remoção repentina poderia ter sérias consequências.

Desconfio que nos preocupamos menos com o aquecimento global do que com uma crise econômica global e esquecemos que poderíamos fazer os dois eventos acontecerem juntos se implementássemos uma redução global imediata de 60% das emissões. Isso causaria uma rápida queda no consumo de combustível fóssil e a maior parte das partículas que produzem o aerossol atmosférico cairia do ar em questão de semanas. Simplificaria muitíssimo a previsão e poderíamos finalmente ter razoável certeza de que a temperatura global subiria; a remoção do aerossol de poluição deixaria a estufa gasosa sem obstruções e finalmente livre para devastar o que sobrou da confortável Terra interglacial. Sim, se implementássemos na totalidade as recomendações feitas em Bali no prazo de um ano, o clima, longe de se estabilizar, poderia ficar mais quente ou mais frio. É por esse motivo que eu disse em *A vingança de Gaia*: "Vivemos num clima maluco e estamos amaldiçoados não importa o que façamos."

Como se não bastasse, o cientista americano professor V. Ramanathan chamou a atenção recentemente para a enorme produção de fumaça e outros aerossóis pelas indústrias que crescem a todo vapor na Ásia. A nuvem de fumaça da China agora se espalha por todo o oceano Pacífico até a América do Norte, e os pores do sol na Califórnia têm um matiz róseo que lembra um espalhamento de luz semelhante ao da névoa estratosférica do vulcão Pinatubo, que entrou em erupção em 1991. A mesma dispersão de luz está ocorrendo sobre o oceano Índico à medida que a Índia expande sua indústria.

São essas as novas adições aerossólicas à atmosfera: as nuvens de fumaça da América do Norte e da Europa percorreram distâncias similares por várias décadas, cruzando o oceano Atlântico e entrando na Ásia. Além disso, a fumaça global da indústria, das florestas pegando fogo na África, América do Sul e dos incêndios selvagens nas florestas boreais do Canadá e Sibéria estão todos acrescentando seus ingredientes à poção de bruxa em que a atmosfera se transformou.

Ramanathan nos alerta para o fato de essas novas nuvens de poluição serem consideravelmente mais negras que as anteriores, provenientes dos Estados Unidos e da Europa. Elas contêm fuligem que absorve luz solar, enquanto os aerossóis mais claros, principalmente, refletem a luz solar. Isso torna a avaliação de seu efeito sobre o clima ainda mais difícil.

A física atmosférica da ligação entre aerossóis e clima está à beira da inteligibilidade e, inevitavelmente, as interações de outras partes do sistema tornam-na ainda mais confusas. Nuvens no ar são afetadas pela vida na superfície: partículas aerotransportadas produzidas por bactérias induzem gotículas de água nas nuvens a se congelar a uma temperatura de até 2°C; por outro lado, gotículas de água superfrias podem esfriar a -40°C, antes de congelarem. Quando realmente congelam, o calor liberado ergue as nuvens e produz chuva e trovão. Em muitos aspectos diferentes, as coisas vivas afetam o clima, assim como são afetadas por ele: as florestas evapotranspiram enormes volumes de vapor d'água (evapotranspiração é um processo fisiológico ativo pelo qual a água subterrânea é bombeada até as folhas); e as algas oceânicas produzem gases que se tornam os núcleos das gotículas de nuvem. Tudo que temos agora são números incertos ligados às várias partes separadas do sistema, além de orientação pela teoria de Gaia: somos como um médico do século XIX tentando dar um prognóstico sensato a um paciente com diabetes. Podemos apenas fazer generalizações vagas sobre o futuro e, se não fosse pelo grande e indiscutível efeito estufa de aquecimento do dióxido de carbono, metano e outros gases, estaríamos de fato no escuro. Um relato esplêndido do nosso conhecimento até agora sobre essa complexa ciência está no capítulo do livro *Earth System Science* [Ciência do sistema Terra], de Robert Charlson, publicado em 2001. Para mim, a mensagem da pesquisa sobre aerossol e nuvem é que o aquecimento global que já sentimos seria mais grave sem a presença deles; portanto, precisamos assumir o compromisso com o financiamento de monitoração e pesquisa climática.

Climatologistas às vezes parecem achar que a temperatura das folhas da cobertura florestal pode ser simplesmente calculada a partir do conhecimento do albedo, que é a proporção de luz solar refletida de volta, da floresta. Nós nos esquecemos que as árvores estão vivas e podem regular fisiologicamente a temperatura foliar. De acordo com Ian Woodward, num artigo recente da *Nature*, a temperatura foliar de árvores na luz solar é autorregulada num valor próximo a 21°C; tal temperatura parece ser ótima para a fotossíntese e independe da localização geográfica da árvore, ocorrendo nas regiões árticas bem como nas tropicais. A temperatura foliar é regulada pela evapotranspiração. Observo no verão do sul da Inglaterra que as folhas escuras das coníferas mantêm uma temperatura superficial acima de 40°C mais fria que uma superfície inerte da mesma cor. Na escala de uma floresta do tamanho da amazônica ou das florestas boreais da Sibéria, isso tem um efeito enorme sobre o clima regional. Richard Betts e colegas do Hadley Center foram pioneiros na investigação da temperatura foliar e seus efeitos sobre o clima e o ciclo do carbono. Quando as folhas permanecem a uma temperatura próxima à fisiologicamente ideal, a energia radiante absorvida da luz solar é transformada principalmente no calor latente de evaporação. São necessárias quase 600 calorias para evaporar 1 grama de água, e os meteorologistas denominam "calor insensível" o calor assim armazenado. O que alguns físicos atmosféricos parecem não perceber é a ligação entre o clima e a fisiologia do ecossistema da floresta. Quando são incluídas as fortes interações implícitas nessa ligação, especialmente a maneira como uma vasta floresta pode se derreter como o gelo polar flutuante, isso afeta tanto o clima global quanto o local. Interações em larga escala regional podem levar às flutuações pontuais do tipo ilustrado no Gráfico 3.

Outro exemplo que mostra como os modelos não correspondem ao mundo real tem relação com o vapor d'água no ar. Na alvorada de uma manhã fria, com frequência vemos neblina — delicadas gotículas de água flutuando como uma nuvem assentada em lugares baixos. O ar onde existe neblina está quase inteiramente saturado de água, 100% de umidade relativa. À medida que o Sol se levanta e aquece o ar, a neblina desaparece gradualmente, e por volta do início da tarde, sob um céu sem nuvens, a umidade relativa pode ser de apenas 30% a 40%. Modelos climáticos de grande amplitude têm de pressupor que a umidade relativa é conservada, pois, do contrário, tornam-se instáveis. Mas, no mundo real, a umidade relativa pode ser uma variável climática verdadeiramente importante. O tamanho das partículas aerossólicas se altera direta e rapidamente com uma mudança da umidade relativa, o mesmo acontecendo com sua refletância da luz solar e, consequentemente, com a quantidade de calor que chega até a Terra.

A temperatura superficial média da Terra inteira é bem limitada: a produção solar de calor é incrivelmente constante na escala temporal de cem anos e não varia mais de 0,2%, equivalente a uma variação de temperatura de aproximadamente 0,2°C. Neste exato momento, ao final de um longo mínimo das manchas solares, o calor do Sol deveria estar em seu nadir. A órbita da Terra e sua inclinação em relação ao plano do sistema solar também mudarão um pouco nos próximos cem anos. Mas, como sabemos agora, mudanças bem pequenas na composição do ar ou na natureza das superfícies terrestres podem ter grandes efeitos. Se algum dia a Terra de fato tivesse se tornado uma bola de neve branca refletora, sua temperatura superficial seria -24°C, excepcionalmente baixa em comparação com a de agora; mas nosso planeta também existiu por longos períodos no passado com até mesmo as regiões polares exibindo temperaturas tropicais. Há apenas 14 mil anos, estávamos em uma era do gelo na qual a glaciação por vezes se estendia ao sul até os Alpes na Europa e o que é hoje Saint Louis na América do Norte. Parece que a Terra é capaz de existir por longos períodos numa ampla gama de estados climáticos diferentes. Os estados estáveis quente e frio são fatos bem fundamentados da história e podemos explicá-los com um razoável grau de confiança. O que não conhecemos muito são os detalhes da mudança, digamos, de uma era glacial para outra, interglacial, como agora. Esta parece ter sido iniciada por um pequeno aumento do calor recebido do Sol causado por uma pequena alteração da inclinação e órbita da Terra, mas deve ter havido uma amplificação substancial através de feedback positivo para fazê-la acontecer rapidamente. É a similaridade entre as mudanças súbitas de então e aquilo que estamos fazendo agora que torna tão falíveis as previsões de hoje.

Modelos climáticos baseados na física atmosférica têm seu próprio dogma peculiar: quase todos preveem um aumento suave e contínuo na temperatura à medida que aumenta a abundância do dióxido de carbono. Eles parecem pressupor que nada nos próximos trinta anos alterará o curso do aquecimento global porque nossas mudanças na superfície terrestre do planeta e as emissões realizadas até agora fizeram o sistema aquecer cerca de 2°C e seu tempo de resposta é curto. É essa a base da recomendação do IPCC para reduzir as emissões em 60% até 2050 para evitar uma "perigosa" mudança climática. O IPCC está certo em pensar que levará milhares de anos para desfazer o dano que causamos e que, portanto, para todos os efeitos, não há volta. Também tem razão quanto às emissões de dióxido de carbono: o tempo de resposta da Terra à alteração em dióxido de carbono é da ordem de cem anos. Mas é errado achar que nada pode acontecer rapidamente quando se trata de mudança climática. Aerossóis na atmosfera, albedo de neve e gelo, resposta do ecossistema e, é claro, resposta humana — qualquer um deles pode causar uma mudança climática perceptível em questão de meses. Se as muitas interações favoráveis e desfavoráveis, aparentemente separadas no clima, se sincronizarem coerentemente, então todo o sistema Terra poderia aquecer ou se esfriar rapidamente em até 5°C. Acho extraordinário que, dada a profundidade de nossa ignorância, cientistas estejam dispostos a colocar seus nomes nas previsões de clima de hoje a até cinquenta anos e deixar que se tornem a base da política ambiental. Certamente, não são previsões, apenas especulações para amenizar o medo das nuvens negras que assomam no horizonte climático.

Não é mera especulação contestar a ideia de que não poderá acontecer nada nos próximos trinta anos que venha a alterar o curso da mudança climática. De certa maneira, a Terra fez o experimento para nós porque, ao entrar em erupção em 1991, o vulcão Pinatubo injetou aerossóis suficientes na camada superior da atmosfera para esfriar significativamente o clima durante os três anos que se seguiram à erupção. Seria muito errado imaginar que podemos refinar e melhorar aqueles modelos extremamente complexos até que forneçam uma visão clara e precisa do clima futuro. Mesmo que pudéssemos, grandes erupções vulcânicas ainda são imprevisíveis e poderiam perturbar a previsão por injetar uma vasta nuvem de partículas resfriadoras na atmosfera superior. Também a geoengenharia poderia ser usada para obter mais controle sobre as consequências desses vulcões. Inúmeros outros eventos naturais, supostamente menos prováveis, como o impacto de um objeto com mais de 1 quilômetro de diâmetro caindo do espaço, ou uma repetição do mínimo de Maunder, quando a radiação do Sol declinou 1% durante cem anos, desastres humanos como uma pandemia ou uma catástrofe tecnológica do tipo previsto pelo livro *Hora final — Alerta de um cientista*, de Martin Rees: todos estes e outros eventos desconhecidos podem afetar o clima e tornar a previsão de longo prazo tremendamente difícil.

Além dessas incertezas, meteorologistas são obrigados a criar modelos de física atmosférica quando deveriam estar criando modelos de Gaia, ou, no mínimo, do sistema Terra inteiro, no qual o clima é uma das propriedades. Administradores de ciência, muitas vezes, imaginam que uma equipe composta de biólogos, químicos e físicos atmosféricos de primeira, todos trabalhando juntos como no IPCC, resolverá o problema climático. Na prática, isso pode não ser mais provável do que teria sido procurar a causa e a cura da febre tifoide na época vitoriana por meio da análise da temperatura corporal flutuante das vítimas e depois pedindo a resposta para uma equipe de biólogos, químicos e físicos.

A esta altura sinto que é necessária uma observação mais geral sobre mudança climática. Se recuarmos e considerarmos todas as outras perturbações possíveis para a nossa Terra autorreguladora, veremos que a presença de sete bilhões de pessoas almejando as comodidades do Primeiro Mundo é excessiva. É uma hipótese claramente incompatível com a homeostasia do clima, mas também com a química, a diversidade biológica e a economia do sistema. Instabilidade em qualquer uma dessas outras propriedades da Terra é potencialmente tão perturbadora quanto a mudança climática podendo interagir com ela. A acidificação dos oceanos por excesso de dióxido de carbono é um exemplo isolado dessa patologia multifacetada causada por um excesso de prósperos seres humanos.

Por partirmos da premissa de que o clima é principalmente uma propriedade física do ambiente superficial da Terra, deixamos de considerar os organismos vivos, inclusive os seres humanos e as espécies dependentes de plantações e gado, como parte integrante do sistema climático. Este é o erro fundamental da maioria dos modelos climáticos computacionais. Trata-se de um erro compreensível, já que a geofísica do clima por si só está além da nossa capacidade atual, então parece absurdo também considerar a inclusão da biosfera, ainda mais complexa. Naturalmente, a ciência acha que reduziu o problema por meio da subdivisão, e é esse, presumivelmente, o motivo de a Comissão de Avaliação de Ecossistema do Milênio (Millenium Assessment Ecosystem Commission), separada do IPCC, ser principalmente ligada à biologia.

Seria errado que eu sugerisse aos criadores de modelos climáticos ignorar a importância da contribuição da vida na Terra à mudança climática. Os modeladores de clima do Hadley Center e da Universidade de East Anglia do Reino Unido, do Centro Nacional de Pesquisas Atmosféricas (National Centre for Atmospheric Research) e outros laboratórios dos Estados Unidos, e de Potsdam, na Alemanha, todos criaram ou estão criando modelos climáticos dinâmicos abrangentes para incluir a biota. Estou familiarizado com as substanciais contribuições de Peter Cox, Chris Jones e Richard Betts do Hadley Center; de Tim Lenton, Andrew Watson e Peter Liss, da Universidade de East Anglia; e de John Schellnhuber, Wernher Von Bloh e Stefan Rahmstorf, do Instituto de Pesquisa do Impacto Climático de Potsdam (Potsdam-Institut für Klimafolgenforschung). Mas acho que todos eles concordariam que seu trabalho está longe de ser completo. E, então, devemos falar dos climatologistas Ann Henderson-Sellers, Kendal McGuffie e Robert Dickinson, que ampliaram incansavelmente, e muitas vezes contra uma forte oposição, a competência da modelagem climática, por terem reconhecido a necessidade de incluir a biota em um papel dinâmico. Para os interessados no tópico misterioso da pesquisa climática, o livro *A Climate Modelling Primer* [Fundamentos de modelos climáticos], de McGuffie e Henderson-Sellers, é maravilhosamente gratificante.

Não aprendemos com a história. Antes de ficarmos interessados pela mudança climática, cientistas e governos mundiais estavam profundamente preocupados com a diminuição do ozônio estratosférico causado pelo excesso de CFCs. Durante essa crise, houve uma aceitação quase total das previsões dos modelos. Os cientistas estavam tão convencidos da verdade dos seus modelos que rejeitaram observações feitas por satélites orbitando a Terra que viram o buraco na camada de ozônio sobre a Antártida. Foi necessária a intervenção de observadores humanos — Joseph Farman, Brian Gardiner e Jonathan Shanklin, do Levantamento Topográfico Britânico da Antártida (British Antartic Survey) — para convencer os cientistas de que realmente havia uma redução maciça de ozônio e que os modelos estavam errados. (Na época, eles estavam na Antártida e observavam a camada de ozônio com um espectrofotômetro Dobson.) A confiança nos modelos permanece e, como já descrito neste capítulo, a ocorrência do vasto buraco que apareceu em 2007 no gelo flutuante do oceano Ártico não foi prevista para a época em que ocorreu. De acordo com as previsões do modelo, o derretimento não era esperado para antes de 2050. A Terra real reage às nossas ações de uma maneira bem diferente da prevista por modelos bem-comportados. Estes também sugerem uma elevação suave da temperatura à medida que aumenta a abundância de dióxido de carbono e apontam que as temperaturas podem ser novamente diminuídas pela mera redução da abundância de dióxido de carbono. Parece que governos consideram previsões como esta mais fáceis de entender e mais cômodas que as flutuações oscilantes das observações reais. Modelos de grande amplitude têm autoridade a partir da qual políticas podem ser delineadas, conclusões tiradas e pronunciamentos grandiosos feitos em lugares como Kyoto e Bali. Contudo, apesar da dedicação dos climatologistas equipados com os mais atualizados instrumentos e programas computacionais, os modelos são como as ideologias, e possuem uma certeza similar, de modo que é fácil esquecer que têm a ver com mundos abstratos, e não reais. Os criadores de modelos, exceto quando encurralados para chegar a um consenso, expressam corretamente suas previsões em termos probabilísticos.

Um último motivo para minha inquietude com as previsões baseadas em modelos surge porque ganho minha vida e financio minha pesquisa sobre a Terra como um cientista independente com a venda de invenções e conselhos. Vivo dessa maneira há quase 45 anos e percebo que ela lembra o estilo de vida de um médico dos velhos tempos, cuja clínica era em uma pequena mas próspera cidade. Esse papel independente fez de mim um observador, não apenas da atmosfera, oceano e superfícies terrestres, mas também de muitas das divisões humanas de poder e conhecimento. Entre estas estavam as mais importantes companhias energéticas e químicas e agências governamentais da Europa, Estados Unidos e Japão. Também trabalhei em muitas universidades, inclusive na Universidade das Nações Unidas (UNU), em Tóquio, e para agências do serviço secreto que têm seu próprio poder de revelar o inesperado. Durante a maior parte do tempo, não fui muito mais que uma vespa que tinha entrado voando por uma janela aberta, grande o bastante para ser percebida, mas não influenciando muito a condução dos negócios. No final do século passado, fui presidente da Associação de Biologia Marinha (MBA, Marine Biological Association), numa época em que o laboratório em Plymouth estava lutando para ter algum grau de independência. Por poucos anos, juntei-me aos colegas de luta em batalha contra um governo que parecia motivado, mas nem sempre judiciosamente, a controlar e centralizar. (Se o leitor estiver curioso e quiser saber mais sobre esse lado da minha vida, ele está na minha autobiografia *Homage to Gaia* [Homenagem a Gaia]).

Esse terceiro componente da minha base de conhecimento ensinou-me que, acima de tudo, os seres humanos odeiam qualquer mudança conspícua em seu modo de vida diário e na visão do futuro. Como disse Bertrand Russell: "O homem médio preferiria enfrentar a morte ou a tortura a pensar." O desejo irresistível de manter as coisas funcionando da maneira habitual vai muito além do mercado e pode ser uma consequência da dissonância cognitiva sobre a qual já escrevi neste livro. Manter as coisas funcionando da maneira usual é, infelizmente, o modo como a maior parte da ciência é feita, ainda que saibamos que isso não tem lugar no mundo probabilístico da ciência. Por razões práticas e administrativas, não podemos alterar repentinamente a direção da pesquisa de um grande e oneroso laboratório construído em torno de um conjunto dispendioso de instrumentos, computadores e pessoal especializado; pode ser este, em parte, o motivo pelo qual nossas previsões não são tão condizentes com as expectativas extraídas da história da Terra.

São estas, por outro lado, as minhas razões para achar que as previsões climáticas para daqui a décadas são hoje precárias demais para o planejamento de uma ação detalhada. A tarefa do

IPCC mal começou e o fracasso em explicar até mesmo o clima atual mostra que seus membros talvez precisem de uma nova abordagem científica, talvez uma que modele a Terra como um único sistema fisiológico, não como um modelo de consenso cozido a partir de um ensopado biodiverso de disciplinas científicas. Naturalmente, deveríamos fazer o máximo possível para diminuir o uso danoso do solo — como abertura de clareiras florestais em qualquer lugar e agricultura de biocombustíveis — e nos preparar cautelosamente para reduzir as emissões. Até que saibamos com certeza como curar o aquecimento global, nossos maiores esforços deveriam ser dedicados à adaptação, para preparar aquelas partes da Terra com menor probabilidade de serem afetadas por mudança climática adversa como os portos seguros de uma humanidade civilizada. Na escolha de portos a salvo de mudança climática séria, precisaremos da orientação do IPCC e, talvez, o IPCC deva mesmo ser recrutado para realizar essa tarefa. Mais importante, temos de parar de fingir que existe algum caminho de volta possível àquela bela, exuberante e confortável Terra que deixamos para trás em algum ponto do século XX. Quanto mais avançarmos no sentido de manter as coisas funcionando da maneira habitual, mais estaremos perdidos.

A pergunta mais importante sobre a mudança climática é: quanto e a que velocidade a Terra está se aquecendo? Volto a repetir que existe um indicador confiável do balanço de calor da Terra: é o nível do mar. Sua elevação é um indicador geral e confiável que derruba argumentos sobre se algumas geleiras estariam derretendo e outras avançando e se uma nevada extra contrabalançaria a água extra derretida. O nível do mar se eleva por apenas dois motivos: o gelo em solo que se derrete e a expansão do oceano à medida que se aquece. É como o líquido em um termômetro: à medida que a Terra se aquece, o nível do mar se eleva. É verdade que o nível poderia aumentar subitamente se uma grande geleira da Groenlândia ou da Antártida deslizasse para dentro do mar, mas é muito improvável que isso passasse despercebido, e seu efeito seria facilmente descontado.

Sinto na ciência o início de uma batalha entre aqueles que vivem pela teoria e aqueles que saem em campo na Terra para observar e medir. Os observadores são as Cinderelas da ciência, e sempre foram. Charles Darwin não viajou pela Terra para demonstrar uma teoria. Foi um exímio observador e naturalista: a teoria foi desenvolvida depois, e parte dela após sua morte. O oceano é verdadeiramente uma *aqua incognita*, e tem importância vital para o clima, porque armazena a maior parte do calor extra do aquecimento global. É correto construir teorias do oceano mesmo que saibamos tão pouco a respeito, mas muito errado usá-las para elaborar políticas. Antes, elas devem ser testadas pelas observações e medições de longo prazo, e acho que esta deveria ser nossa prioridade.

3
Consequências e sobrevivência

Quando as pessoas descobrem, tarde demais, que sofrem de uma doença grave e provavelmente incurável e que podem não ter mais de seis meses de vida, a primeira reação é de choque e, em seguida, de negação, momento a partir do qual experimentam furiosamente qualquer cura em oferta ou buscam profissionais de medicina alternativa. Por fim, se forem sensatas, atingem um estado de calma aceitação. Sabem que a morte não precisa ser temida e que dela ninguém escapa. Se a doença for câncer, aquela maravilhosa organização, o movimento "hospice",* fundado por uma verdadeira santa, Cicely Saunders, muitas vezes torna o fim mais decente que o começo. Os cientistas, que reconhecem a verdade sobre o estado geral da Terra, advertem seus governos da gravidade mortal ao estilo de um médico. Agora estamos vendo

---

* Termo britânico que significa abrigo, asilo ou, atualmente, unidade de cuidados paliativos. (*N. do T.*)

as respostas. Primeiro, foi negação em todos os níveis; depois, a busca desesperada por uma cura. Assim como nós, indivíduos, experimentamos remédios alternativos, nossos governos recebem muitas ofertas de empresas alternativas e seus lobistas acerca de modos sustentáveis de "salvar o planeta", e acreditam que de algum hospício verde poderá vir o conforto da esperança.

Se o leitor duvidar que essa perspectiva impiedosa é real, permita-me lembrá-lo das forças que ora levam a Terra para a sauna: entre elas estão a crescente abundância dos gases de efeito estufa originários da indústria e da agricultura, inclusive gases de ecossistemas naturais danificados pelo aquecimento global no Ártico e nos trópicos. Os vastos ecossistemas oceânicos que costumavam remover o dióxido de carbono não são mais capazes de fazê-lo porque o oceano torna-se deserto à medida que se aquece e cresce em acidez; então, existe a absorção extra do calor radiante do Sol à medida que a neve refletora branca derrete e é substituída pelo solo ou por oceanos escuros. Cada absorção extra separada acrescenta calor e, juntas, amplificam o aquecimento que causamos. O poder dessa combinação e a incapacidade da Terra de resistir a ela agora é que me obriga a considerar que os esforços feitos para estabilizar o dióxido de carbono e a temperatura não são muito mais que um remédio alternativo planetário.

Até onde sei, ninguém em Bali ou nos congressos anteriores da ONU ficou exatamente preocupado com Gaia ou considerou a resposta da Terra viva àquilo que estamos fazendo a ela. De fato, à medida que a Terra se aquece, e muito antes do prazo final de 2050, a produção dos gases de efeito estufa e as alterações de albedo causadas pela própria Terra poderão exceder o efeito total do aquecimento causado por todos os gases extras que tivermos adicionado. A pressuposição de que o clima pode ser estabilizado por uma redução nas emissões em uma abundância de dióxido de carbono a 550ppm e uma temperatura global 2°C maior que a normal não tem nenhum fundamento seguro na ciência. Ao contrário, o sistema Terra já poderá estar fadado a uma mudança irreversível, mesmo que implementemos na totalidade a redução recomendada de 60% das emissões.

É surpreendente que políticos possam ter sido tão insensatos para concordar com políticas que projetam muitas décadas adiante. Talvez tenha havido vozes de cientistas que advertiram do absurdo de tal planejamento, mas, se houve, não parece que tenham sido ouvidas. Mesmo que cortemos as emissões em 60%, para 12 gigatoneladas por ano, isso não bastaria. Mencionei várias vezes antes que a respiração é uma poderosa fonte de dióxido de carbono, mas você sabia que as exalações da respiração e outras emissões gasosas de quase sete bilhões de pessoas na Terra, seus animais de estimação e gado são responsáveis por 23% de todas as emissões de gases de efeito estufa? Se acrescentarmos o combustível fóssil queimado na atividade total para cultivar, colher, vender e servir alimentos, tudo isso totaliza cerca da metade de todas as emissões de dióxido de carbono. Pensemos nos implementos agrícolas, no transporte de alimento das fazendas e no transporte de fertilizantes, pesticidas e no combustível usado em sua fabricação; na construção e manutenção de estradas; operações de supermercado e na indústria de embalagens; para não falar na energia usada para cozinhar, refrigerar e servir a comida. Como se não bastasse, pensemos em como a terra arada não serve à Gaia como as florestas que ela substituiu. Se, apenas por viver com nossos animais de estimação e gado, somos responsáveis por quase metade das emissões de dióxido de carbono, não vejo como a redução de 60% possa ser atingida sem enorme perda de vida. Queiramos ou não, somos o problema — e como parte do sistema Terra, não como algo separado dele e acima dele. Quando os líderes mundiais nos pedem que os sigamos às convidativas pastagens verdes à nossa frente, eles deveriam antes verificar que se trata mesmo de pasto sobre terreno sólido, e não de musgo cobrindo um atoleiro.

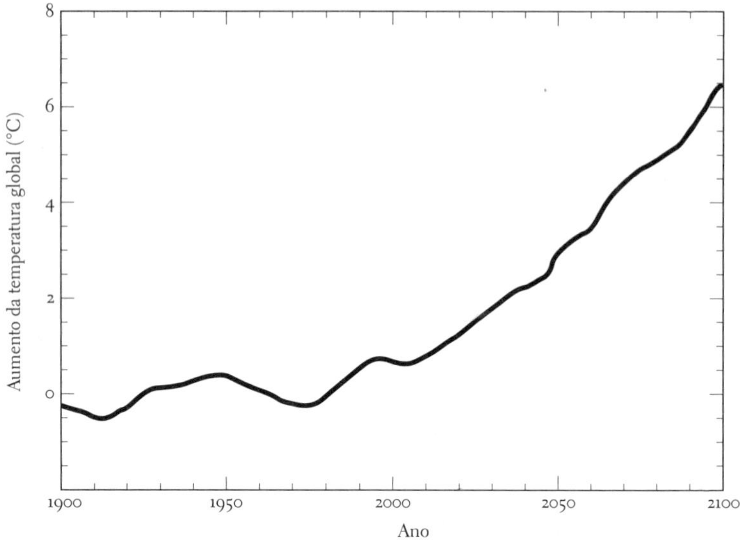

Gráfico 4. A *previsão de aquecimento do hemisfério norte para o século vindouro, de acordo com o modelo de previsões citado por Peter Stott em seu artigo de 2006 sobre o verão europeu excepcionalmente quente de 2003. A linha mostrada foi desenhada à mão livre e não deve ser considerada mais precisa que um esboço num quadro-negro.*

A única conclusão quase certa que podemos tirar do clima em transformação e a resposta das pessoas a ele é que está sobrando pouco tempo para agir. Portanto, meu apelo é que seja feita uma adaptação, no mínimo, de igual importância às tentativas orientadas pela política de reduzir emissões. Não podemos continuar supondo que, por não existir nenhum modo suave de reduzir nossos números, basta melhorar nossas pegadas de carbono. São muitos também os que pensam no lucro a ser obtido do comércio de carbono. Não é a pegada de carbono sozinha que prejudica a Terra; a pegada das pessoas é maior e mais mortal.

Já enfrentamos as consequências adversas da acumulação total de gases de efeito estufa chegando ao equivalente a mais de 430ppm de dióxido de carbono — a perda de ecossistemas de solo terrestre, a desertificação do solo e das superfícies oceânicas e a perda do gelo polar; elas atuam em conjunto, favorecendo uma mudança, e provavelmente obrigam a Terra a um aquecimento irreversível. Pode não existir nenhuma alternativa senão o uso direto das técnicas de esfriamento global examinadas no Capítulo 5 sobre geoengenharia, inclusive uma tentativa de descarbonizar maciçamente a atmosfera enterrando o carvão. Independentemente de tais esforços terem ou não sucesso em esfriar a Terra até que ela atinja seu estado interglacial autorregulador prévio, temos de, por meio da adaptação, nos preparar para o fracasso.

O dilema é que existem muitíssimos de nós que vivem como nós — Paul e Ann Ehrlich disseram-no há quarenta anos em seu livro *The Population Bomb* [A bomba populacional]. Mas nós não ouvimos. Eles exageraram um pouco, mas o alerta sobre os perigos do superpovoamento estava certo. Em teoria, poderíamos comer menos e economizar energia, mas, na prática, nunca o faremos, a menos que nos obriguem. As consequências do nosso supercrescimento e suas emissões são apenas ligeiramente diferentes daquelas causadas pelos fotossintetizadores (plantas unicelulares) que também cresceram e se multiplicaram há mais ou menos 2 bilhões de anos e modificaram tanto seu mundo que conjuntos inteiros de ecossistemas anaeróbicos foram condenados à existência subterrânea. A poluição deles foi oxigênio, um gás venenoso, carcinogênico e incendiário — mas a vida, inclusive nós, evoluiu para extrair benefícios dele. Assim como os fotossintetizadores, não poderíamos ter evitado atingir nosso estado atual de superpovoamento e insustentabilidade. Somos o que somos e pouco poderia ser feito para evitar o que agora parecem alterações adversas; não deveríamos nos sentir culpados por isso.

Nossos líderes, se fossem todos excelentes e poderosos, poderiam proibir a manutenção de animais de estimação e gado, tornar compulsória uma dieta vegetariana e incentivar um grande programa de síntese de alimentos por indústrias químicas e bioquímicas; fazer isso apenas restringiria a perda de vida a animais de estimação e gado. É alentador que o presidente do IPCC, dr. Pachauri, tenha recomendado uma dieta vegetariana como um caminho a seguir. É quase uma certeza que nunca acontecerá dessa maneira e as pessoas manterão a agropecuária, os negócios e o governo da mesma forma de sempre. Mudanças em estilo de vida, agricultura e hábitos alimentares não são uma opção política popular, sendo mais provável que os governos sigam o caminho fácil do uso de impostos e subsídios para orientar o agronegócio, a indústria e o público em qualquer que seja a direção favorecida por sua ideologia política. Esquecemos com frequência que o dever de um empresário é com os acionistas de sua empresa, não com a comunidade nem com o governo, e, certamente, não com o planeta. Empresários são mais gananciosos ou mais insensíveis que o restante de nós, mas imposto e subsídio distorcem a capacidade deles de criar lucro e, em geral, eles preferirão fontes ineficientes, mas lucrativas, de energia e produtos agrícolas em detrimento de alternativas de longo prazo que sejam sensatas e eficientes, mas menos lucrativas. É por isso que a indústria apoiará os renováveis, o comércio de carbono e biocombustíveis, que não são eficientes nem sensatos, mas são lucrativos a curto prazo. A energia nuclear é lucrativa, mesmo sem subsídio, mas, assim como a compra de uma casa por meio de financiamento, o lucro só vem depois. No clima econômico atual, distorcido pelo subsídio, a energia nuclear é menos atraente para a indústria.

Enquanto isso, a mudança climática se mantém em franca progressão, agora impulsionada pelo feedback da Terra bem como por nosso aumento nas emissões e uso do solo. Não há um ponto de ruptura; estamos indo ladeira abaixo numa descida acidentada que fica cada vez mais escarpada em direção ao mundo quente. Mesmo nos refúgios de sobrevivência, onde a mudança climática for bastante suave para permitir o crescimento continuado de alimento, haverá desastres e dificuldades. Assim, nas partes mais férteis da Europa, incólumes ao calor e à estiagem, entre as quais a Holanda, o Reino Unido e a Irlanda, a elevação do nível do mar e as tempestades poderão provocar inundações catastróficas. É provável que boa parte de Londres fique inundada e o transporte subterrâneo inutilizado. A Holanda poderá se tornar inabitável. Mesmo uma enchente temporária com água salgada reduz enormemente a produtividade da lavoura. Ao considerarmos as ofertas de alimento e energia, devemos ter sempre em mente que as necessidades imediatas dos consumidores humanos são apenas parte do problema. Precisamos também sustentar a infraestrutura das cidades, a habitação, saúde e outros serviços, inclusive escola, destinação do lixo e transporte. A necessidade de Gaia tende a ser logo esquecida: precisamos deixar ecossistemas naturais em solo e no oceano suficientes para a autorregulação planetária.

A mudança climática é volúvel. Eventos no início de 2008 fizeram muitos na Europa e nos Estados Unidos duvidarem que o aquecimento global estivesse seguindo o ritmo esperado ou fosse uma fonte importantíssima de preocupação. O clima ainda não parecia ruim o bastante para exigir uma ação urgente, e nossas mentes se encheram de temores diante de uma possível recessão ou depressão do clima monetário. De fato, um médico planetário que estivesse examinando ao pé do leito o prontuário do nosso planeta supostamente enfermo notaria que, apesar do aquecimento global, que é confirmado pela elevação constante do nível do mar durante os últimos dez anos, a temperatura média global não se alterou sensivelmente durante o mesmo período; alguns bons climatologistas até acham que pode ter havido uma pequena queda da temperatura durante o século atual. É verdade que tem havido sintomas apavorantes, como o extraordinário derretimento do gelo ártico no verão de 2007, mas, apesar dessas preocupações, a febre da Terra não pareceu estar se agravando. Além disso, 2008 acabou trazendo um verão frio e úmido na região noroeste da Europa e em partes dos Estados Unidos, de forma alguma o que era esperado do aquecimento global. Essa aparente remissão da doença da Terra se refletiu no livro breve e sério de Nigel Lawson, *An Appeal to Reason* [Um apelo à razão]. O livro é como uma sensação de ar fresco entrando por uma janela aberta numa sala de conferência superaquecida. A maioria dos que negam a mudança climática não esconde um interesse aparente no statu quo e são pouco convincentes e até enfadonhos. Mas eis um livro que rejeita o aquecimento global escrito com paixão, sem deixar de ter o distanciamento correto, como se o autor fosse o conselho de defesa dos que negam a existência da mudança climática.

Acho que Lawson tem razão em criticar o modismo que acompanha a resposta pública ao aquecimento global. Mas discordo inteiramente da negação dele e acho que existe apenas uma possibilidade mínima de que o mundo não fique mais quente, como descrevi no Capítulo 2. Por ora, é útil comparar a Terra com um drinque gelado. O leitor terá percebido que a bebida permanece fria até que o último dos gelos derreta e, até certo ponto, é o que ocorre com a Terra. Uma grande porção do calor do aquecimento global serviu para aquecer aquela grande massa de água, o oceano, e para derreter o gelo. Pode ser um dos vários motivos pelos quais não houve maior aquecimento. Contudo, assim que o gelo tiver derretido e a mistura das águas oceânicas atingir um equilíbrio dinâmico, o aquecimento global continuará mais rápido ainda que antes. O livro de Lawson nos força a pensar na Terra e no que estamos fazendo com ela num contexto mais amplo. Aplaudo sua mordacidade e sua desaprovação do populismo modernoso que agora se associa a tudo e a qualquer coisa considerada verde.

A natureza humana, o comportamento que se origina da inteligência que a evolução nos deu, compromete nossas chances. Somos como aves de rapina que voam lá no alto — falcões e águias que evoluíram para arremeter dos céus e apanhar a presa, e o fazem muitíssimo bem. Mas qual seria o destino das águias se todas as suas presas passassem a viver no subterrâneo? Elas não estão adaptadas para voar em túneis nem cavernas e sua visão excelente não seria útil no escuro. Somos perfeitamente evoluídos para viver como caçadores-coletores. As asas dos nossos cérebros foram primorosamente ajustadas pela evolução para sobrevivermos no mundo de um milhão de anos atrás, mas estamos tão mal equipados para sobreviver na Terra do século XXI que fizemos como um falcão faria numa caverna. Nossa inteligência não é algo transcendental, mas uma propriedade que evoluiu para nos ajustar ao nosso nicho, como o bico rígido de um pica-pau evoluiu para se ajustar ao seu mundo, onde a oferta de alimentos se resume a insetos de casca de árvore.

Nossa civilização industrial contemporânea está irremediavelmente desajustada para sobreviver em um planeta superpopuloso e com poucos recursos, iludida pelo pensamento de que invenções brilhantes e progresso nos darão a calçadeira que nos ajustará ao nosso nicho imaginário. Acho que seria melhor se aceitássemos e entendêssemos quão baixas são as chances de nossa sobrevivência pessoal, mas me enche de esperança o fato de nossa espécie ser extraordinariamente tenaz, ter sobrevivido a sete grandes catástrofes climáticas nos últimos milhões de anos e de ser improvável que sejamos extintos na próxima catástrofe climática. Interessados na evolução dos seres humanos, geneticistas observaram que, em certa ocasião nos últimos milhões de anos, passamos por um gargalo genético no qual se estima que nossos ancestrais não passassem de 2 mil. Gaia, felizmente, é muito mais rija e, como um planeta vivo, sobreviveu por mais de um quarto da idade do cosmos.

Um exemplo específico de um atributo mental favorável desenvolvido em algum momento para a sobrevivência, mas hoje uma séria desvantagem, foi dado por Michael Shermer em sua coluna da revista *Scientific American* de agosto de 2008. Ele aproveitou uma recente controvérsia médica para explicar por que pensar empiricamente e de modo assistemático acontece naturalmente, mas pensar de forma científica não. A controvérsia é sobre se o autismo estaria ou não conectado com a administração de vacinas em crianças. De um lado, alguns pais percebem que, pouco depois da vacinação, surgem os sintomas do autismo; do outro, cientistas afirmam não encontrar nenhuma ligação causal entre vacinação, ou as defesas presentes na vacina, e os sintomas do autismo. As associações empíricas assistemáticas, especialmente quando amplificadas com uma reportagem na mídia, são tão poderosas que fazem as pessoas ignorarem evidências científicas contrárias. Shermer diz ainda que o motivo dessa desconexão cognitiva é que desenvolvemos cérebros que prestam atenção às pequenas histórias porque uma afirmativa positiva mas falsa (acreditar que existe uma conexão entre A e B, quando não existe) é geralmente inofensiva, enquanto uma afirmativa negativa mas verdadeira (acreditar que não existe nenhuma conexão entre A e B, quando existe) pode tirá-los do nosso *pool* genético. Nossos cérebros são como mecanismos de convicções que empregam aprendizado associativo para buscar e encontrar padrões. Superstição e crença em magia têm milhões de anos de idade, enquanto a ciência, com seus modos inteligentes de evitar falsos-positivos, tem apenas algumas centenas de anos.

A conexão autismo-vacina é muito similar à crença empírica assistemática de que existem aglomerações de vítimas de leucemia entre as populações em torno das usinas nucleares. Sendo cientista, sei que isso é bobagem, mas tente convencer uma mulher que perdeu um parente que por acaso vivia nas vizinhanças de uma usina nuclear: a probabilidade de ter sucesso é minúscula, quase nula. É por isso que é tão fácil convencer a multidão de crédulos de que o inócuo telefone celular que usamos, ou o cabo elétrico das proximidades, é um perigo.

Se nosso mundo atual é absolutamente insustentável, como retrocedemos de modo sustentável? Para responder a esta pergunta é útil pensar num submarino nuclear como um microcosmo da Terra. Ele precisa ficar debaixo das ondas por períodos de meio ano e manter um ambiente saudável para os tripulantes. A energia provém de reatores nucleares estáveis e confiáveis. O reator do submarino é tão bem protegido que os tripulantes são expostos a menos radiação que qualquer outra pessoa viva. A 100 metros de profundidade, nenhuma radiação térmica ou terrestre penetra; mas nós, na superfície, além da radiação cósmica e os elementos radioativos naturais do solo e das paredes de nossos edifícios, não estamos protegidos de nosso reator, o Sol, exceto pela fina camada de ar que nos separa do espaço. Quando permanecemos expostos ao sol de verão por tempo demais e sofremos uma queimadura por radiação, percebemos logo como estamos pouco protegidos. O ar do submarino é tão bem regulado quanto é a atmosfera que respiramos na superfície, e o abastecimento de água, reciclado e confiável. No manual do oficial que faz a regulação existe um aviso de nunca permitir que o fornecimento de oxigênio suba acima de 21%: isto não serve apenas aos interesses da saúde dos marinheiros, mas acontece porque o risco de incêndio dobra a cada 1% extra de oxigênio no ar, e um incêndio em um submarino é fatal. O dióxido de carbono também precisa de regulação, pois a tripulação o exala continuamente e uma quantidade excessiva tornaria difícil a respiração. Apenas imaginemos a catástrofe que seria para a tripulação se energia de combustível fóssil fosse utilizada dentro do submarino. Assim como eles, desfrutamos uma energia constante e confiável do nosso grande reator nuclear no céu, e Gaia regula o fornecimento de ar e água para nós. Ninguém duvidaria que o submarino é limitado quanto à população que poderia sustentar; por que, então, deveríamos imaginar que a Terra tem uma capacidade ilimitada para pessoas?

Nossas dificuldades agora são estranha e inquietantemente semelhantes àquelas da desventurada tripulação de um submarino afundado numa profundidade grande demais para o resgate, mas no qual existem poucas cápsulas de fuga nas quais alguns podem flutuar seguramente até a superfície oceânica. Esse submarino é muito parecido com a Terra, agora tão superpovoada que apenas uma pequena fração alcançará a porção habitável que restou. Acho que é assim que estamos, mas, por pior que seja, essa situação nos dá a chance de sobreviver como espécie.

Os maiores danos que o aquecimento global causa não são os drásticos sobressaltos de eventos meteorológicos sem precedentes, como as tempestades violentas, as inundações por chuvas ou um calor quase insuportável. O dano vem da seca prolongada e ininterrupta. De acordo com as previsões (relatório do Grupo de Trabalho II de 2007, do IPCC), muitas partes do mundo sofrerão falta de água até 2030. Condições saarianas se estenderão até o sul da Europa, como as vivenciadas na Austrália e na África. Ocorrerão chuvas intensas, mas, quando a temperatura estiver acima de 25°C, de nada adiantará. Calor crescente e destruição do ecossistema florestal para prover terra arável irão continuar e apressar a conversão da floresta tropical em cerrado e deserto. Desde que haja energia em abundância, o calor poderá ser suportado individualmente com a tecnologia do ar-condicionado; de fato, é improvável que as condições nas cidades das regiões quentes sejam muitos piores que as de Bagdá, Alice Springs ou Phoenix hoje. O resultado da estiagem, quando não houver disponibilidade de alimento das plantações nem água, será a morte.

Quando examinamos as projeções de climas futuros, vemos que parte considerável das áreas continentais se tornará improdutiva por causa da seca. As consequências serão estarrecedoras para as nações já superpopulosas como a China, a Índia e partes da África. A vida na Terra é inteiramente dependente de água e três quartos do volume de quase todas as formas de vida são água. Sem o fornecimento abundante, as lavouras não crescerão, e irrigar toda a terra hoje regada naturalmente pela chuva é uma tarefa impossível. Haverá áreas muito menores onde a irrigação é feita, e estas, também, como as civilizações mais antigas ao longo do Nilo e do Eufrates, serão refúgios.

Isso não significa que não haja nada que possamos fazer. Não precisamos ficar parados e esperar por resgate como aqueles infelizes que permaneceram, seguindo as instruções recebidas, em seus escritórios das Torres Gêmeas em 11 de setembro de 2001. Podemos nos mudar para locais seguros. É óbvio que adiaremos e continuaremos a negar o aquecimento global, tentando nos enganar ao repetir que não existe necessidade urgente de mudar. Mas o ritmo crescente de derretimento do gelo polar, de elevação dos níveis do oceano e de migração das zonas climáticas nos adverte que o sistema Terra já está mudando e que, portanto, em breve também teremos de fazer o mesmo. Além disso, o feedback positivo observado sobre o aquecimento faz com que seja improvável desacelerar ou parar antes que o próximo estado de estabilidade seja alcançado. Por meio da geoengenharia podemos atenuar algumas das consequências iniciais do aquecimento, mas duvido muito que tenhamos a sensatez ou a inteligência para revertê-lo. Como o esquiador que inicia uma avalanche acidentalmente, há pouco que possamos fazer para impedir seu curso destrutivo.

Então, são inúteis todos os nossos esforços de neutralizar o excesso de carbono que emitimos, usar sandálias e vestes de cilício como os antigos penitentes e seguir os puritanos verdes? Podemos voltar à rotina habitual por algum tempo e sermos felizes enquanto durar? Poderíamos — mas não por muito tempo. Exceto por uma folga feliz produzida pela geoengenharia ou pela própria natureza, em poucas décadas a Terra poderá deixar de ser o habitat de quase 7 bilhões de seres humanos; ela se salvará quando liquidar todos, exceto uns poucos que agora vivem naquelas que se tornarão as regiões estéreis. Quem partir para regiões mais frias, ainda férteis, terá maior chance de sobreviver e, se um número suficiente de nós for salvo dessa maneira, isso também poderá ser benéfico para Gaia. Parece que um número suficiente de nós poderia sobreviver para levar nossa espécie adiante, mas existe uma necessidade preponderante que reduz ainda mais a capacidade de carga da Terra, que são as necessidades da própria Gaia. Há muito mais em termos de sobrevivência além das necessidades humanas. Para sustentar o clima e a composição da Terra, Gaia precisa dos ecossistemas, das florestas e outras vegetações do solo e das algas dos oceanos para sustentar a vida. Do contrário, nosso planeta avançaria de modo inexorável para um estado de equilíbrio intoleravelmente quente e completamente árido, algo que acabaria se tornando uma mistura entre Marte e Vênus.

O certo é que é nosso dever sobreviver. Nossos maiores esforços, portanto, devem ser para aprender a viver tanto quanto for factível na Terra quente e, em breve, reduzida. Nós, os britânicos, vivemos em um dos refúgios seguros onde a vida pode continuar na era quente. Em alguns aspectos, somos como os passageiros a bordo de um navio que se desviou para receber os refugiados de alguma terra acometida pela seca. Somos o bote salva-vidas desses refugiados, mas o capitão e os oficiais do navio precisam decidir quantos podemos aceitar — quem terá permissão para subir a bordo e quem deverá ficar para trás e se arriscar. O mais justo seria uma loteria, mas o senso comum descarta uma seleção tão simples. Os enfermos, os aleijados e os velhos teriam de ficar para trás e se arriscar com os passageiros que se sentiram na obrigação de ajudá-los. Nos navios, costumava-se dar prioridade às mulheres e às crianças, mas alguns homens seriam necessários — qual seria a proporção certa dos sexos? Desconfio que não estaria longe da igualdade, pois é essa a proporção que a seleção natural escolheu.

Não há um número simples para definir a capacidade de carga da Terra para as pessoas. Depende de como as pessoas vivem. Seriam elas, em um dos extremos, vegans — os vegetarianos radicais — ou, do outro, carnívoros? Cultivariam a terra e, portanto, deslocariam os ecossistemas naturais? Seriam industrializadas, e qual o impacto de suas indústrias? Além dessas propriedades humanas, a própria Terra não é uma constante. O número de pessoas que ela pode carregar varia com seu estado. Se predominasse o deserto, o número seria pequeno; se bem provida de água e rica em nutrientes, poderia ter tantas pessoas por quilômetro quadrado quanto Bangladesh. Se fôssemos caçadores, predadores carnívoros no topo da cadeia, é improvável que mesmo uma Terra fértil pudesse sustentar mais de 10 milhões de nós. Se coletores, particularmente se vegans, poderíamos ser 100 milhões ou mais. Com a ciência e a tecnologia atuais, os números são imponderáveis, e demonstramos que 7 bilhões são possíveis por um curto período. Mas quantos proporcionariam equilíbrio numa Terra 4°C mais quente que agora? Poderiam ser apenas 100 milhões, se a capacidade de carga da superfície terrestre do planeta quente caísse a 10% do que temos agora. Tudo o que podemos dizer de útil sobre a capacidade de carga da Terra para os seres humanos é que ela muda rapidamente.

Um aspecto natural a nosso favor é que mais de 70% da Terra são oceano, e essa proporção crescerá à medida que o nível do mar se elevar pois, do contrário, a Terra se aqueceria ainda de modo mais rápido; infelizmente, porém, um oceano quente é bem menos produtivo que um frio. Devemos nos concentrar na estimulação de ecossistemas oceânicos, embora alguns alimentos e combustíveis possam ser subprodutos. Voltando a examinar o mundo duas ou três décadas à frente, vemos que as maiores áreas de terra usáveis para habitação estão nas regiões setentrionais e austrais temperadas e árticas — Patagônia e sul do Chile, Canadá, Sibéria, Alasca, norte da Europa, inclusive a Escandinávia e as costas oceânicas ocidentais —, além das ilhas como as Ilhas Britânicas, Nova Zelândia, Tasmânia, e muitas outras pequenas espalhadas pelos oceanos. Não sabemos ainda se elas estarão secas e quentes demais para o cultivo de lavouras: o registro geológico do último período quente há 55 milhões de anos sugere que a bacia ártica era tropical em termos de temperatura e que a vegetação era abundante. Os demais continentes não serão inteiramente estéreis: haverá oásis e os cursos fluviais serão suficientemente bem irrigados para o crescimento de plantas.

Qualquer tentativa da civilização sobrevivente de continuar a cultivar a terra que deveria permanecer como floresta natural, ou de queimar combustível fóssil, poderá ser desastrosa, mas a tentação seria imensa, pois o Ártico é local de imensas reservas de petróleo, gás e carvão. Se as usássemos como o fazemos agora, poderíamos nos transformar nos nossos próprios carrascos e também causar a morte de Gaia. A Terra seria então deixada quente e árida, sem nenhuma vida além de alguns termófilos: uma biosfera demasiado esparsa para um planeta autorregulador.

Até o momento, estou supondo que a temperatura global aumentará durante este século pelo menos com a gravidade prevista pela variação média do IPCC e que sua consequência física direta, a elevação do nível do mar, prosseguirá no ritmo que mantém desde 1990, quase o dobro da velocidade prevista. Nada é certo; e tenho de deixar margem para admitir que tudo isso pode não acontecer. Ao contrário, uma ou mais das várias propostas para realizar a geoengenharia da Terra e deter o aquecimento global poderiam funcionar, ou algum evento natural, como uma série de erupções vulcânicas gigantescas, poderia intervir ou, ainda, os modelos que preveem o clima poderiam estar mais errados do que eu achei que estavam. A melhor contradição de todas seria descobrir que a ideia descrita por Johannes Lehmann na revista *Nature* em 2007 nos permitiu tirar uma quantidade imensa de dióxido de carbono do ar por meio da produção de carvão para, em seguida, enterrá-lo no solo. Descrevo-a mais detalhadamente no Capítulo 5 e realmente acho que tem uma chance de interromper o aquecimento global. Porém, tendo dito isto e conhecendo nosso obstinado desejo de continuar mantendo as coisas exatamente como estão, duvido que, se for tentado, será feito num grau suficiente para cumprir sua promessa. Nossas boas intenções são esquecidas com demasiada frequência, como as promessas não lidas que confirmamos com um clique do mouse ao final da longa e ilegível declaração legal que aparece na tela a cada aplicativo de computador que compramos. Continuarei escrevendo e supondo que você clicou o botão e concordou.

Para entender um pouco o que está diante de nós irei me concentrar nas ilhas onde vivo porque elas fornecem uma história e um exemplo da resposta humana a uma ameaça que, embora bem menos grave que o aquecimento global, bastou para tornar a sobrevivência um imperativo. Para essas ilhas, a ameaça consistiu na Segunda Guerra Mundial em 1939, e foi certamente suficiente para instigar a resposta agora necessária. Quero contar ao leitor a experiência pessoal pela qual passei no início dela, aos 20 anos de idade.

A estrada corria ao longo das margens dos campos dos quais a safra de grãos tinha sido colhida recentemente; seguia entre Chelsfield e Orpington, cerca de 20 quilômetros a sudeste do centro de Londres. Quando caminhei por ela, em setembro de 1939, os subúrbios de Londres já haviam avançado gradualmente em direção à zona rural. Os campos exibiam uma aparência cansada, como se estivessem prestes a desistir do jogo e se aposentar para sempre debaixo de uma safra permanente de casas geminadas plantadas pelos novos proprietários, os donos do progresso. Mas minha angústia com a ruína da Kent rural foi transtornada de forma rude quando, de repente, e para meu assombro, o ar se encheu com o som das sirenes de ataques aéreos. Continuei a caminhar me perguntando se o céu logo em breve se encheria de bombardeiros, mas, em vez disso, as sirenes soavam o toque de cessar-fogo. Assim, a Segunda Guerra Mundial começou com um alarme falso; de fato, em termos de guerra, não aconteceu muito mais na Grã-Bretanha por outros nove meses. Parece existir um paralelo exato entre os eventos e as sensações que tivemos naquela época e os de agora. Não fui exatamente aquele arquétipo do homem comum ou inteligente e razoável, mas estive perto o suficiente: um jovem caminhando numa trilha, com considerável certeza de que a guerra real em breve começaria mesmo que ainda houvesse pessoas em estado de negação, entre as quais especialistas e políticos.

Setenta anos depois, eventos em locais distantes, como o derretimento do gelo ártico, o desmoronamento das geleiras na

Antártida, as secas e a fome por toda a África e a tempestade tropical extraviolenta que ocorre vez ou outra nos provocam agora a mesma ansiedade que a guerra na Espanha e a ocupação da região da Boêmia provocaram nos anos 1930. De alguma maneira, sentimos que nossa vez chegará em breve, mas continuamos com nossas atividades e prazeres como de hábito, e talvez instalemos um painel de aquecimento solar no telhado, exatamente como escavamos abrigos antiaéreos nos nossos jardins naquela época. Em 1938, meu pai, embora aposentado e perto dos 70, escavou um refúgio impressionante que descia 12 metros abaixo do jardim com uma câmara de concreto e entradas pelos dois lados da casa. Ele começou a escavar em 1938 e terminou o serviço antes que a guerra tivesse iniciado. Como é estranho que, quando há ameaça de guerra, os indivíduos instintivamente se preparem para o pior, muitas vezes com atos fúteis, enquanto nossos representantes eleitos e servidores civis que os assessoram preparam-se segundo a guerra anterior: construindo navios de combate e edificando fortalezas como a Linha Maginot.

Gaia, assim como Deus, ajuda os que se ajudam. Não foi suficiente em 1939 escavar refúgios pessoais contra ataques aéreos, nem basta agora ajoelhar-se com pequenos gestos verdes; nem colocar moinhos de vento e painéis solares no telhado para suplementar o fornecimento de eletricidade; nem realizar reuniões diante do grande símbolo religioso da espiral, a gigantesca turbina eólica branca, e entoar hinos sobre a salvação do planeta. Precisamos não apenas sobreviver, mas continuar civilizados e não degenerar para cair sob o domínio mafioso em que líderes de gangues se promovem como déspotas militares. Para que isso ocorra, temos de tomar agora medidas locais efetivas. Acima de tudo, temos de garantir nossos suprimentos de comida e roupas, e se continuarmos a vida urbana, energia. Tais ilhas, embora entre as poucas áreas do mundo menos ameaçadas pelo aquecimento global, estão, ao mesmo tempo, entre as menos bem providas de comida e energia. Ficamos tão acostumados com uma grande oferta de alimento vindo de fora que esquecemos que na Segunda Guerra Mundial, quando as importações de alimentos eram escassas, quase morremos de fome. Temos fontes nativas de combustível, mas elas estão se esgotando rapidamente. A terra disponível para agricultura compete com moradias e indústrias, e a menos que comecemos a agir logo, mais dela poderá ser inutilizada à medida que o número daqueles que habitam nossa pequena nação cresça continuamente.

Assim como em 1939 precisamos abrir mão em grande escala do confortável estilo de vida dos tempos de paz, em breve também poderemos nos sentir ricos com apenas um quarto daquilo que consumimos agora. Se fizermos isso de uma forma correta e engajada, não parecerá uma fase deprimente de negação, mas, ao contrário, como em 1940, uma chance de nos redimir. Para os jovens, a vida será cheia de oportunidades para servir, criar, e eles terão um propósito para viver. Será bem mais difícil para os velhos, mas nem um pouco entediante, como revelou o seriado cômico dos tempos de guerra *Dad's Army* [O exército do papai], que ainda faz sentido em nossa realidade. Aconteça o que for, será uma mudança e tanto em relação às banalidades da vida urbana de agora.

Essas são lembranças que guardo do Reino Unido de quase setenta anos atrás. Outros participantes da Segunda Guerra Mundial, como a Alemanha e a Rússia, não mostrariam testemunhos saudáveis, porque, para esses países, o ciclo de vitórias e derrotas abalou profundamente o grau em que eles tiveram o controle do próprio destino. As nações ocupadas da Europa sem dúvida suportaram tensão e privação, mas não eram absolutamente donas de si próprias e não fornecem uma boa comparação entre aquela época e agora. Os Estados Unidos estavam, é claro, profundamente envolvidos, mas as carências e incidentes no continente foram pequenas e mais breves. Provavelmente, o mais próximo em experiência ao Reino Unido foi o Japão, e seria interessante poder comparar a vida agora e na época da guerra naquela ilha do Pacífico.

Tentemos imaginar como poderia ser a vida para uma família comum vivendo na cidade de Reading, a cerca de 50 quilômetros de Londres, em 2030. Suponhamos que os modelos do IPCC prevejam o curso dos eventos como mostrados no Gráfico 4, mas admitamos que eles possam subestimá-lo. A elevação prevista da temperatura global é de 1,8°C e a elevação do nível do mar, 12cm. Nossa família dificilmente perceberá qualquer mudança, especialmente porque tiveram vinte anos para se adaptar. Na guerra, existem longos períodos tranquilos seguidos de uma súbita violência e pânico. Com a mudança climática também. O Tâmisa terá transbordado seriamente em algumas ocasiões por causa de chuvas excessivas, mas até então o mar ainda não terá reclamado seu vale como um estuário. Talvez as novas unidades habitacionais ainda estejam visíveis na planície inundada, entre as inundações — novas moradias serão necessárias agora que a população chegou a 80 milhões provavelmente, à medida que chegam os refugiados da Europa e do mundo. Os fenômenos mais observados serão a lassidão e a escassez, por causa do custo do alimento e da energia. Se a Europa não tiver dado um fim a seu caso de amor com a energia renovável e se não tivermos forjado suprimentos adequados de energia nuclear, a eletricidade será nefastamente dispendiosa e os blecautes parciais e totais serão endêmicos. A família reclamará e resmungará, mas de alguma forma sobreviverá em meio à desordem. No entanto, parte considerável do restante do mundo mudará para o cerrado e o deserto (como advertiu recentemente John Beddington, o principal cientista do nosso governo), seca e fome assumirão o controle da Terra outrora fértil. Mais perto de casa, logo do outro lado do canal, o calor estival terá aumentado a um nível intolerável, apesar do uso generalizado do ar-condicionado. A produção de alimentos estará em queda na medida em que a estiagem e o calor tornarem o cultivo cada vez mais difícil. Complexos projetos de irrigação com uso de água do mar dessalinizada aliviarão parte da perda, mas a um preço enorme em gasto de energia. O fluxo de refugiados climáticos continuará, com muitos se fixando em imensos acampamentos possivelmente próximos das comunidades etnicamente semelhantes dos primeiros imigrantes.

Suponhamos que este seja um quadro aproximadamente verdadeiro do curso de eventos se apenas permitirmos que aconteça. Mas, e se em algum momento dos próximos anos percebêssemos, como o fizemos em 1939, que a democracia precisava ser temporariamente suspensa e tivéssemos que aceitar um regime disciplinado que considerasse o Reino Unido um porto seguro legítimo, mas limitado, para a civilização? O regime poderia nos ser imposto por um evento climático como o de 1953, quando uma onda de tempestades no mar do Norte devastou partes do estuário do Tâmisa e da Holanda. No total, centenas morreram. Um evento semelhante agora poderia devastar grande parte da Holanda, Londres e suas regiões periféricas. Talvez isso bastasse para trazer ao primeiro plano um Churchill, cuja retórica levasse a nação a despender os esforços necessários para se adaptar corretamente à mudança, em vez de apenas remendar os problemas de maneira incoerente. Sobrevivência ordeira exige um grau extraordinário de compreensão e liderança humanas e pode exigir, como na guerra, a suspensão do governo democrático durante todo o período da emergência para sobrevivência. Uma boa liderança é vital, e sei que *Sir* Crispin Tickell já demonstrou a capacidade de inspirar o governo do Reino Unido a tomar o rumo certo na primeira vez em que o aquecimento global se tornou um problema, nos anos 1980. Ele continuou com essa tarefa e inspirou líderes de outras nações e espero que possa fazê-lo novamente para nossa sobrevivência.

Desconfio que uma ação efetiva para sustentar essa comunidade insular virá, de alguma forma, de uma coerência tribal interna e que tenha uma rara liderança, e não de boas intenções internacionais ou europeias. Com sorte, o exemplo se aplicará aos outros refúgios. Haverá tempo suficiente para o internacionalismo durante a estabilidade da longa era quente. Não temos nenhuma outra alternativa senão extrair o melhor da coesão nacional e aceitar que a guerra e déspotas militares fazem parte dela. Para as ilhas-refúgios, uma força defensiva efetiva será tão importante quanto nossos próprios sistemas imunológicos. Gostemos ou não, poderemos ter de aumentar o tamanho das nossas forças armadas e os gastos com elas. Pode ser que a próxima geração de cientistas e engenheiros seja competente e sirva à Terra como os clínicos gerais nos servem na medicina. No tempo da guerra, cães velhos aprendiam novos truques bem rapidamente. Os primeiros desastres ambientais realmente sérios vão se apropriar da agenda política e removerão muitas ideias falsas que impedem a mudança. Como na guerra, poderia haver a rápida aplicação da nova tecnologia ao clima e aos problemas de sobrevivência. Espero que funcione, mas não acho que os seres humanos, como espécie, já sejam bastante hábeis para manejar a crise ambiental que está por vir e temo que gastem seus esforços na tentativa de combater o aquecimento global em vez de tentar se adaptar e sobreviver no novo mundo quente. Portanto, mostremos que Garrett Hardin estava errado quando disse com melancolia, em 1968, que nossa situação é verdadeiramente trágica, pois, na tragédia, não há fuga. Demonstraremos que ele estava errado se sobrevivermos.

Por ser velho, com frequência penso em Gaia como se ela fosse uma velha senhora com mais ou menos a minha idade.

Já ouço colegas adeptos de Pecksniff reclamando: "Você está fazendo de novo — antropomorfizando a Terra, falando dela como se estivesse viva." Mas digo a eles: "Se ela não está viva, então, como pode morrer?" E ela morrerá quando o calor do Sol ultrapassar a barreira do suportável. Aqueles de nós que pensaram a respeito veem o tempo de vida dela se estendendo não mais de 500 milhões de anos. Parece muito, mas por já ter agora 3,5 bilhões de anos de idade ela já viveu quase 88% de sua vida. Se eu conseguir chegar aos 100, então, vejam que coisa intrigante, aos 89 anos no momento em que escrevo, tenho agora a mesma idade relativa que Gaia.

O meu fim poderia ser facilmente a consequência catastrófica de uma doença como a gripe que, quando jovem, implicava não mais de alguns dias afastado do trabalho. Assim é com Gaia: para ela, mísseis cósmicos na forma de asteroides ou cometas constituem ameaças contínuas. O último atingiu-a há 65 milhões de anos, e fez estragos devastadores. Caso um deles a atinja quando ela se aproxima dos 4 bilhões de anos de idade, somado ao calor extra vindo do Sol, poderá ser mais do que ela é capaz de aguentar — e o grande sistema que manteve a vida dominante na Terra por mais de um quarto da idade do universo terminará. Naturalmente, como meu corpo quando eu morrer, células e bactérias continuarão a viver por algum tempo, mas o planeta morto será incapaz de sustentar um ambiente adequado à vida.

Estou contente de não ter nenhuma noção de meu próprio fim; portanto, com relação a Gaia, tudo o que se pode dizer agora é que planetas idosos, como as pessoas idosas, são propensos a morrer de males que os jovens e vigorosos podem superar. Nossa obrigação como uma espécie inteligente é sobreviver; se pudermos evoluir para nos tornar uma inteligência integrada dentro de Gaia, então, juntos, poderemos sobreviver por mais tempo.

4
Fontes de energia e alimento

Duas mudanças importantes em nossos suprimentos futuros de energia emergiram depois de eu ter começado a escrever este livro há cerca de um ano. O que mudou foi a percepção pública da energia nuclear e o reconhecimento de que a energia térmica solar é a mais promissora das opções energéticas “renováveis”. Parece até possível que, usando ambas, possamos reduzir significativamente nossa dependência de combustíveis fósseis, embora a maior parte da energia que usamos ainda vá ser extraída da queima de combustível fóssil pelo menos durante os próximos dez anos. Isso é inevitável por motivos práticos e econômicos porque levará pelo menos uma década, mesmo com apoio e boa vontade, para substituir uma fonte de energia em escala global, sendo improvável que haja um declínio perceptível no uso de combustível fóssil antes que essas duas alternativas estejam bem estabelecidas. A demora não se deve apenas ao tempo necessário para substituir as usinas elétricas, mas também ao fato de que linhas de transmissão de alta potência e longa distância precisam ser instaladas para que a energia térmica solar proveniente do sul da Espanha ou do Saara chegue à Europa. Nos Estados Unidos, onde existem grandes áreas de desertos iluminados pelo Sol, a energia térmica solar é ainda mais promissora. Algumas características do uso de combustível fóssil são também difíceis de substituir — por exemplo, combustíveis gasosos de baixa pressão produzem enormes fluxos energéticos em bem pouco tempo. Quando colocamos 45 litros de combustível no tanque do carro, nos 60 segundos que leva, o fluxo de energia é equivalente à produção total de uma usina elétrica de 25 megawatts. Nenhuma bateria ou supercapacitor concebível conseguiria ser carregado com essa rapidez, nem podemos ainda vislumbrar uma aeronave de transporte de passageiros de longa distância movida a bateria. É verdade que o combustível líquido pode ser sintetizado a partir do dióxido de carbono por meio de eletricidade nuclear ou solar, mas para isso é preciso esperar até que as próprias fontes de energia estejam bem estabelecidas.

Ao comparar fontes de energia, geralmente admite-se que a energia é usada para a produção de eletricidade. Tal pressuposto ignora o uso considerável da energia de combustível fóssil pela indústria e para o aquecimento no inverno. Hoje, as principais fontes de energia são: combustão de combustível fóssil, energia nuclear e energia hidroelétrica. Nenhuma das fontes de "energia renovável" da moda provocou um impacto significativo sobre o suprimento até agora e, dessas, apenas a energia solar tem chance de cumprir o prometido a tempo de compensar a mudança climática. Energia das ondas e das marés é consideravelmente promissora, mas é improvável que possa cumprir o esperado nas próximas duas décadas. Em algumas regiões, como as planícies do Meio-Oeste americano, a energia eólica poderia se transformar numa fonte menor, mas significativa, assim como em lugares em que os ventos alísios sopram constantemente.

Hoje, a intermitência do fornecimento frustra a energia eólica, mas esta seria uma objeção de menor importância se a energia fosse usada na produção de água doce a partir do mar, para irrigação e para bombear água de solo inundado. Na Europa, existe grande procura para grandes instalações de energia eólica ao largo da costa: é difícil ver como elas poderiam algum dia produzir eletricidade de modo confiável e econômico. Desconfio que a corrida à energia eólica seja impulsionada mais por subsídios de motivação ideológica que pelo bom-senso, e se a iminente recessão econômica se prolongar, elas serão um fardo indesejado. Nas nossas pequenas ilhas superpopulosas a energia eólica não é absolutamente uma alternativa sensata por causa dos enormes espaços necessários para acumular mesmo uma pequena quantidade intermitente de eletricidade; cada hectare de terra poderá ser em breve necessário para produção de alimento e lazer. Para o mundo em desenvolvimento, células voltaicas solares simples podem coletar luz solar durante o dia, armazená-la como eletricidade numa bateria recarregável e fornecer energia para iluminação e comunicações: instalações de tão baixo custo enriquecem as vidas dos que vivem em terras tropicais. A energia das marés demonstrou seu valor, mas está limitada a locais adequados, como o estuário do rio Severn no Reino Unido. As declarações mais sensatas sobre o uso correto dos sistemas energéticos disponíveis surgiram num relatório de 2008 dos professores Ian Fells e Candida Whitmill: eles observaram corretamente que algumas formas de energia "renovável" são apropriadas como um suplemento para as necessidades energéticas do Reino Unido, e nos lembraram que o projeto de energia das marés para o estuário do Severn poderia fornecer 5% da eletricidade do Reino Unido.

Em teoria, é fácil melhorar nosso uso de energia evitando o desperdício. Na prática, isso é difícil de fazer em tempos de fartura, especialmente porque ainda não existe a vontade de fazê-lo.

A queima de combustível fóssil para gerar energia poderia ter uma redução considerável por meio de avanços tecnológicos, e espero que nossa economia atualmente retraída seja um incentivo. Por que, por exemplo, levou tanto tempo para que os fabricantes de fontes de luz passassem das lâmpadas de filamento quente extremamente ineficientes para os diodos emissores de luz (LEDs)? Ou para que os fabricantes de automóveis mudassem dos monstros famintos por combustível para os carros pequenos, mas adequados, que devoram um terço ou menos do combustível? É fácil responsabilizar os fabricantes, mas nós, que compramos e usamos os produtos deles, temos pelo menos metade da culpa. Como sempre, a Europa e a América do Norte admitem que o problema e sua respectiva solução são de responsabilidade apenas deles, mas, na realidade, o mundo em desenvolvimento e os novos consumidores da Índia, da China e, em breve, da América do Sul estão começando a dominar a produção e o uso de energia. De forma semelhante e igualmente ilusória, pressupomos que a presença humana na Terra é tudo o que importa, mas, ao considerarmos a energia e nosso uso dela, nunca devemos nos esquecer de que o fluxo natural de energia e dos gases essenciais da biosfera, oxigênio e dióxido de carbono é quase vinte vezes maior que todas as nossas emissões, e ele muda à medida que o mundo se aquece.

Ficamos desconcertados com o carbono, e quando falamos e pensamos no nosso abuso da Terra, concentramo-nos quase exclusivamente nas emissões de gases de efeito estufa provenientes do transporte, da indústria e do aquecimento e ar-condicionado domésticos. Tentamos nos convencer de que, se melhorássemos suficientemente nossa pegada de carbono, tudo estaria bem de novo e as atividades poderiam continuar da maneira habitual. Na realidade, números crescentes de pessoas aumentam a população de gado e a área de solo que usamos para nós mesmos. É bem verdade que o total mundial de emissões domésticas e industriais, de 30 gigatoneladas de dióxido de carbono a cada ano, é muito grande — mas também o são as consequências do excesso de pessoas competindo com as florestas naturais do mundo por terra.

Energia solar

O Sol produz 1,35 quilowatt de energia a cada metro quadrado da Terra sobre o qual ele brilha diretamente. Uma área de terra desértica no sudoeste dos Estados Unidos de 10 mil quilômetros quadrados recebe luz e calor solares suficientes para alimentar geradores a vapor que poderiam suprir todas as necessidades de eletricidade dos Estados Unidos. Uma ideia similar está sendo considerada pela União Europeia, utilizando o Saara ou mesmo o sul da Espanha como locais para usinas de energia térmica solar.

É importante fazer uma distinção entre os dois principais métodos de conversão de energia solar irradiante em eletricidade: voltaico solar e térmico solar. A luz solar pode ser diretamente convertida em eletricidade por células voltaicas solares — semicondutores que absorvem luz e emitem uma corrente elétrica aos fios conectados à célula. Trata-se de uma maneira prática de fornecer eletricidade aos veículos e satélites espaciais, que já foi bem comprovada. O material geralmente empregado é o silício, seja na forma cristalina simples e dispendiosa do elemento, seja como um silício amorfo mais barato, mas menos eficiente. A eficiência de conversão para a produção de eletricidade a partir da luz solar varia entre 10% e 20%. Nos últimos anos, foram experimentadas alternativas mais eficientes que o silício. Elas geralmente se baseiam em alguns elementos exóticos e raros, particularmente o gálio, índio, selênio, telúrio, arsênio e cádmio. A maior eficiência alcançada é de quase 30%, mas apenas em condições laboratoriais. Mais recentemente, semicondutores à base de compostos de carbono poliméricos foram testados. Até agora, as células voltaicas solares não são candidatas sérias em termos econômicos para abastecer grandes consumidores. Mas elas prometem desenvolvimento adicional e são de imenso valor para usos de pequena escala, como para carregar baterias de aparelhos portáteis.

Com energia térmica solar, a luz solar que incide ininterruptamente sobre um deserto permanente é coletada como radiação térmica e usada para gerar eletricidade. Em um dos métodos, desenvolvido pela primeira vez na Austrália, uma série de longos espelhos planos, com superfície sulcada, é focada em um longo tubo suspenso acima deles que serve como caldeira e superaquecedor. O vapor produzido é usado diretamente para impelir turbinas a vapor convencionais. A ausência de energia solar à noite é compensada pelo uso de acumuladores de vapor — uma invenção do século XIX — capazes de armazenar energia suficiente para manter as turbinas em funcionamento durante horas depois que o Sol se põe. (Os detalhes dessas centrais de energia solar foram descritos na revista *Scientific American* em 2008.) Desenvolvimentos tecnológicos recentes de cabos capazes de transmitir quantidades imensas de eletricidade ao longo de muitos milhares de quilômetros permitem que as centrais energéticas sejam instaladas a maiores distâncias de seus consumidores. Como exemplo, a produção energética de duas usinas nucleares atualmente flui da França ao Reino Unido ao longo de cabos que se situam no fundo do canal da Mancha. Esses cabos têm uma capacidade de quase 1 milhão de volts e podem utilizar corrente contínua em vez da corrente alternada transmitida pelas torres de transmissão atuais. Os novos cabos principais custam aproximadamente 625 mil dólares por quilômetro, e estão longe de ser um ótimo negócio no contexto do fornecimento de energia em escala continental. Ao contrário de muitas propostas de energia renovável, esta fonte de energia não é visionária. Seus principais componentes já existem e foram testados — centrais térmicas solares prototípicas encontram-se em operação no Arizona e os cálculos parecem bons; esperemos que essa seja a próxima fonte de energia prática de larga escala que possamos usar. Seu sucesso depende muito da rapidez com que poderia ser implementada: se levar vinte anos ou mais, poderá ser tarde demais. Enquanto isso, a energia de combustível fóssil em declínio e a energia emergente da fissão nuclear poderão preencher a lacuna.

Energia nuclear

Deveríamos considerar a energia nuclear algo que as novas centrais energéticas poderiam tornar disponível em cinco anos e que nos permitiria atravessar os tempos difíceis, quando o clima mudar e houver escassez de alimento e combustível e grandes mudanças demográficas. Quem vive na Grã-Bretanha deveria pensar nos anos conturbados da década de 1970 e início de 1980, quando o conflito industrial em torno do carvão ameaçou os suprimentos de eletricidade. Foi a disponibilidade de obter quase 30% da eletricidade que usávamos da energia nuclear que manteve a nação e impediu que a discórdia se transformasse em guerra civil. A única coisa que impede o investimento imediato em mais eletricidade nuclear é a legislação implementada por governos anteriores e um temor infundado.

Existem agora mais de 442 usinas nucleares no mundo e, juntas, produzem 17% de toda a eletricidade usada, aproximadamente o mesmo percentual gerado por hidroeletricidade. Outras fontes de energia renovável — biocombustíveis, ventos etc. — produzem apenas 2%. O registro de segurança, os custos e a aceitabilidade local dessas centrais alimentadas a fissão fazem delas as mais desejáveis de todas as fontes. Por que, então, no Primeiro Mundo ainda persistimos no erro de que elas são somente perigosas?

Acho que não consideramos a energia nuclear uma fonte boa e confiável de energia porque fomos cruelmente induzidos ao erro por um encadeamento de mentiras. O erro foi erguido sobre um erro e repetido pela mídia de forma insensata até que a crença no mal essencial de todas as coisas nucleares se tornou parte de uma resposta instintiva. Aqui estão algumas dessas inverdades e respectivas refutações:

A energia nuclear emite grandes quantidades de dióxido de carbono e, portanto, é tão poluente quanto a queima de combustível fóssil. Isso é bobagem: uma usina nuclear em operação não emite nada de dióxido de carbono. Uma pequena quantidade é emitida pelo transporte que distribui o combustível e leva para longe os resíduos; esses dados estão listados na Tabela 1.

Nuclear	4
Eólica	8
Hidro de larga escala	8
Safras energéticas	17
Geotérmica	79
Solar	133
Gás	430
Diesel	772
Petróleo	828
Carvão	955

Tabela 1. *Relatório da Unidade de Apoio à Tecnologia Energética do Governo do Reino Unido sobre a produção de dióxido de carbono em g/kWh de energia produzida por fontes energéticas.*

A energia nuclear é praticamente limpa em comparação com o restante, e a tabela apresentada inclui todas as emissões durante a operação inteira, levando em consideração a mineração e o processamento do minério, o descomissionamento e a remoção do lixo. O número referente à energia eólica não inclui a grande produção (375g/kWh) de dióxido de carbono da central energética de reserva, necessária quando os ventos são demasiado altos ou demasiado baixos.

Ouvimos dizer com frequência que o lixo nuclear é exclusivamente mortal e persistirá por milhões de anos e envenenará o ambiente global. Toda poluição por elementos químicos persiste. Poluição de chumbo originária de uma mina, fundição de minério ou fábrica onde ele é transformado em produtos para o comércio duram para sempre; o mesmo acontece com mercúrio, arsênio, cádmio e tálio: esses elementos tóxicos estão permanentemente conosco. O impressionante do lixo nuclear é que ele desaparece gradualmente. Em seiscentos anos, o lixo de alto risco de uma usina nuclear não é mais radioativo ou perigoso que o minério de urânio do qual se originou. Muito mais importante é que praticamente não há nenhum lixo nuclear com o qual se preocupar. A produção anual de rejeitos de uma usina nuclear de 1.000 megawatts é o bastante para encher um táxi londrino. Agora, talvez, o leitor perceba por que eu receberia de bom grado esse lixo para ser enterrado em minha casa em Devon. Seria uma fonte útil de calor.

Mesmo os comitês governamentais, como o Comitê do Gerenciamento de Lixo Radioativo (CoRWM, Commitee on Radioactive Waste Management), propagam a calúnia nuclear: um de seus representantes disse que existe lixo nuclear suficiente na Grã-Bretanha para encher cinco vezes o Albert Hall. De fato, depois de quarenta anos de geração de energia nuclear, mal existe o bastante para encher uma única vez o Albert Hall. Comparemos essa sala de espetáculos com a montanha de 1.600 metros de altura, 19 quilômetros de circunferência de base, de dióxido de carbono solidificado que o mundo produz a cada ano. Enterrar o lixo nuclear é um problema menor, mas o rejeito de dióxido de carbono matará a todos nós se continuarmos a emiti-lo.

Os opositores da energia nuclear dizem que existe escassez de urânio. É uma bobagem completa. Urânio não é um elemento raro, e mesmo se custasse tanto quanto ouro, isso somente afetaria o preço da eletricidade produzida em uma moderna central energética. A Grã-Bretanha possui grande quantidade de urânio e plutônio puros prontos para produzir energia, mas, por causa do desatino antinuclear do governo Blair, esse combustível valioso está marcado para ser descomissionado a um custo enorme.

Outro erro é a alegação de que as emissões de instalações nucleares são uma ameaça à vida e à saúde. Radiação nuclear é parte natural e normal do nosso ambiente: nós e toda a vida evoluímos com ela. As emissões totais da indústria nuclear do Reino Unido são quinhentas vezes menores que as do gás radônio que respiramos todos os dias de nossas vidas. O radônio provém das rochas e do solo, e é natural.

Tais erros seriam inócuos se não fossem continuamente propagados e amplificados por todas as ramificações da mídia. Boa parte disso é inconsciente. Mostro aqui um exemplo de matéria de um dos meus colunistas prediletos, Matthew Parris, publicada recentemente no *The Spectator*. Ele tinha a dizer o seguinte: "Energia nuclear. Um método de geração de eletricidade que, como os acidentes automobilísticos (que mataram 3 mil na Grã-Bretanha no ano passado), representa considerável risco para a vida e saúde; mas, em vez de fazê-lo através de pequenos acidentes constantes, sua ameaça é grande, em doses raras de perigo. Não houve nenhum recentemente; a questão desapareceu aos poucos da mente do público." A justaposição de 3 mil mortes por ano dos acidentes de automóvel com acidentes nucleares, inadvertidamente sugere que é possível compará-las. A verdade é que as mortes por acidentes com uma causa nuclear na indústria nuclear do Reino Unido em 2007 foi zero, e nos cinquenta anos de operação aqui também foi zero. Sim, é verdade que houve um terrível acidente em Chernobyl, há vinte anos, que matou 75 pessoas, principalmente bombeiros corajosos e aqueles que trabalham em resgates. Houve, então, o acidente na usina nuclear de Three Mile Island, onde, apesar dos prejuízos financeiros e do pânico causado em toda a nação, ninguém foi sequer ferido. Nos cinquenta anos em toda a indústria nuclear mundial, não mais de cem morreram. Comparemos isso com dezenas de milhares que morreram nas indústrias do carvão e de petróleo e as centenas de milhares que morreram na produção de energia renovável ou pelas consequências de seu uso. Sim, hidroeletricidade é "renovável", mas quem percebe o quanto ela é perigosa até que haja o rompimento de uma represa?

Poucos se dedicam à propaganda meramente como passatempo; portanto, quem se beneficia? A mídia o faz, até certo ponto, mas em geral, repito, inocentemente. Os principais benfeitores da propaganda antinuclear são bem mais sinistros, mas consideremos antes a mídia.

Como um cientista que nos últimos tempos se tornou escritor, percebo quão difícil deve ser escrever uma boa coluna semanal durante um ano. A maioria de nós conseguiria fazê-lo por algumas semanas, mas um ano exige uma imaginação inteligente e um vigor que poucos possuem. O colunista deve ser o aristocrata paparicado da mídia, ao contrário da massa informe de redatores que acompanham o fluxo das notícias e as produzem. Muitas vezes especulei sobre a expectativa de vida dos jornalistas; aqueles que conheci pareceram trabalhar sob condições que implicavam uma vida extremamente estressante. Não conseguiria conceber uma tarefa mais difícil que ter de entrevistar pessoas hostis e de má vontade e depois digitar a experiência dentro do prazo do fechamento, obedecendo, ao mesmo tempo, às limitações políticas e editoriais; não é de estranhar que mesmo os bons jornalistas deem mais valor a uma matéria divertida e fácil de escrever que a uma verdade maçante e sem inspiração. Boas reportagens exigem um elenco de anjos e demônios; na guerra, quente ou fria, personagens como Stalin ou Hitler podem ser facilmente escalados como arquidemônios, e nós podemos representar o papel dos anjos. Na guerra ambiental global que se assoma, a verdade é que somos todos os demônios, e este não é um papel aceitável para nós; é menos aceitável ainda para os roteiristas. Tivemos de inventar novos anjos e demônios.

Os partidos políticos e os grupos de pressão dos ambientalistas devem sua existência a um fluxo interminável de boas histórias sobre desastres ambientais. *Primavera silenciosa* foi uma história de terror eficiente em todo o mundo, que muitos dizem deu início ao movimento verde moderno. Também assim, em escala local, foi a série televisiva dos anos 1970 *The Good Life* [A vida boa], em que nós, os telespectadores, podíamos nos identificar com os esforços angelicais de um casal comum para ser "verde". Os malvados eram os suspeitos de sempre: o petróleo poluindo o mar e matando pássaros; o carvão que tinha de ser cavado por mineiros malremunerados que trabalhavam demais — ambos produtos de empresas multinacionais malignas movidas por nada mais que o lucro. Sempre esquecemos ou ignoramos que, na maior parte do tempo, a indústria do carvão foi nacionalizada e, portanto, somos os proprietários dessa indústria poluidora assim como os usuários que geraram a poluição. Nos anos 1970 e início dos 1980, o combustível de carbono negro foi considerado maléfico, não o produto invisível dióxido de carbono. Também ignoramos os perigos do dióxido de carbono na época porque as mentes dos cientistas estavam inteiramente ocupadas pela ameaça ao ozônio estratosférico imposta pelos CFCs.

Nessa época, a energia nuclear estava produzindo de forma barata e segura, garantindo 30% da eletricidade que usávamos na Grã-Bretanha e fazendo-o serenamente em segundo plano. Foi necessário um acidente industrial de tamanho médio em uma usina nuclear soviética em Chernobyl, na Ucrânia, para desencadear a monstruosa história contra a energia nuclear que assombra o mundo desde então. O acidente: uma explosão de vapor aconteceu em um reator instável que estava sendo submetido a uma experiência imprudente e mal planejada. O triste evento foi uma sequência de passos equivocados que só poderia ter acontecido sob a política estatal corrupta da União Soviética. As 75 pessoas mortas eram quase todas operários da usina ou foram convocadas pelo Estado para limpar a bagunça. Foi um evento trivial em comparação com o desastre industrial na cidade de Bhopal, na Índia, onde, nas primeiras horas da manhã de 3 de dezembro de 1984, um acidente numa fábrica de pesticida liberou no ar noturno 40 toneladas do gás isocianato de metila. A nuvem foi carregada pelo vento sobre a cidade e matou 3.800 pessoas instantaneamente, e muitas outras mais nas semanas seguintes. O desastre de Bhopal é geralmente citado como o maior acidente industrial do mundo, mas com que frequência a mídia o menciona em comparação ao desastre, muito menor, em Chernobyl?

Em Chernobyl, a fumaça do reator em chamas se misturou com a massa de ar que se movia para oeste, em direção à Europa Ocidental. A radioatividade pode ser quantificada com instrumentos de extraordinária sensibilidade; portanto, não foi nenhuma surpresa que a nuvem tivesse sido detectada a uma grande distância, até no Reino Unido. Se o vento tivesse soprado na direção leste, provavelmente nunca teríamos colocado a palavra Chernobyl em nossos vocabulários; da forma como aconteceu, a mídia amplificou a história até que governos temerosos de acusações de omissão fizessem coisas inacreditavelmente ridículas. Os suecos realizaram sacrifícios em massa de renas e nós, no Reino Unido, proibimos a venda de carne de cordeiro das montanhas do País de

Gales e da Escócia. A justificativa para a proibição e o sacrifício foi que a carne estava perigosamente contaminada quando, de fato, tinha um nível de radioatividade apenas um pouco acima do natural e insignificantemente perigoso para a saúde. Os italianos fecharam suas usinas nucleares e os alemães propuseram fazer o mesmo. Mesmo a BBC, por vários anos depois do incidente, anunciou solenemente que haveria dezenas ou mesmo centenas de milhares de mortes por radiação em toda a Europa. Repetidas investigações realizadas por equipes de médicos das agências da Organização das Nações Unidas não conseguiram encontrar quaisquer evidências que confirmassem tais previsões sinistras. Os cientistas especializados em radiação que poderiam ter contestado essa bobagem optaram pelo silêncio. Ao considerar as consequências de Chernobyl, é útil relembrar que a exposição à radiação para todos nós que estávamos vivos em 1962, por causa de testes de bombas nucleares, foi cem vezes maior e, apesar disso, hoje vivemos mais do que nunca.

Quero dar mais um exemplo dos falsos temores espalhados pelas evidências incidentais e informais. Minha mulher Sandy e eu vivemos numa região remota da Inglaterra e nossa linha telefônica cruza os campos dos agricultores em postes por 6 quilômetros; com frequência, nas tempestades, ela é danificada e não conseguimos mais nos comunicar nem enviar e-mails por essa via. Na prática, nosso celular BlackBerry nos mantém sempre em contato. Que loucura seria se rejeitássemos a oportunidade de nos comunicar por termos medo de câncer causado por radiação de micro-ondas de celulares. Mas é isso que mais da metade de nós faz em toda a nação, ao rejeitar a energia nuclear sob os mesmos pretextos irreais.

Não sou o único preocupado com a reserva dos cientistas em condenar o equívoco dessas alegações antinucleares e com a má vontade deles de se engajar na causa maior, nossa sobrevivência.

Em um ensaio notável intitulado "Scientific reticence and sea level rise" [Reserva científica e elevação do nível do mar], publicado em *Environmental Research Letters* em 2007, James Hansen fez o mesmo comentário de que a reserva entre cientistas estava inibindo-os de fazer uma advertência sobre a ameaça de uma elevação em grande escala do nível do mar. Nós, cientistas, somos introspectivos demais e parecemos ter atingido um estado no qual, às vezes, uma teoria elegante apoiada por cálculos computacionais derrota observação e experimento. Parecemos menos inclinados a testar nossas ideias no mundo real e não mais buscamos o julgamento da natureza, preferindo o julgamento dos nossos pares. Assim como nossos antepassados teológicos, estamos começando a produzir verdade em um mundo virtual, em vez de descobri-la.

Os primeiros anjos ambientais confiáveis e efetivos do Reino Unido foram a Campanha pelo Desarmamento Nuclear (CND) e o Greenpeace. As consequências estarrecedoras de Hiroshima e Nagasaki tornaram absolutamente natural que eles considerassem armas nucleares essencialmente demoníacas, e a CND teve a autoridade de fazê-lo diretamente por meio de seu líder eclesiástico, monsenhor Bruce Kent. A finalidade da CND e do Greenpeace era tornar, primeiro, o Reino Unido, e, depois, o mundo uma zona livre de energia nuclear. Foi uma grande sorte para esses ativistas receber de presente as notáveis explosões dos testes de armas nucleares realizados pelos americanos e franceses. Somos todos, até certo ponto, nacionalistas tribais; assim, mesmo liberais da Grã-Bretanha acharam que deveria haver algo de bom em um movimento que era simultaneamente antiamericano e antifrancês. Houve, é claro, testes de armas nucleares dos soviéticos, mas estes sabiamente mantiveram-nos secretos, mesmo aos seus próprios habitantes.

E assim foi firmada a ideia de que tudo o que seja nuclear, inclusive o uso de energia nuclear para produzir eletricidade, era ruim, insalubre e pecaminoso. Tornou-se fácil para a mídia usá-la em suas reportagens. Por esse meio, e sem nenhum custo para a CND e seus colegas, sua mensagem foi amplificada e, até agora, nenhum partido político do Reino Unido tem a coragem de apoiar inteiramente a energia nuclear por ser a fonte mais verde, mais barata, mais segura e mais confiável de eletricidade. Para piorar, os membros mais sensatos desses grupos de pressão antinucleares que gostariam de se retratar da objeção à energia nuclear são incapazes ou têm medo de fazê-lo.

Assim, quem se beneficia com a propaganda? Em geral, a mídia é melhor que um terrier faminto para farejar um traidor, e fiquei ligeiramente surpreso que ela não tenha especulado mais sobre o assassinato do dissidente russo Litvinenko em 2007, em Londres. Ele foi cruelmente envenenado por algumas centenas de nanogramas do elemento radioativo polônio 210. Trata-se de um elemento da família do enxofre da tabela periódica que é prontamente incorporado nos compostos bioquímicos simples que alimentam as células dos nossos corpos, de maneira que, quando ingerido, rapidamente segue seu caminho para todas as células do corpo. A dose letal de polônio foi cuidadosamente ministrada. Foi suficiente para provocar a desintegração de cerca de sete átomos de polônio em cada célula da vítima durante os poucos dias de vida que lhe restaram. O polônio emite átomos de hélio que se deslocam a uma fração da velocidade da luz e abrem caminho através das estruturas vitais da célula, de modo que um ou dois deles geralmente são suficientes para matar uma célula. Uma forma maligna de matar uma pessoa: uma morte lenta, inexorável, torturante. São fartas as evidências de que os agentes do assassinato eram russos e o recipiente do elemento radioativo foi suficientemente mal vedado para deixar um rastro desde o avião de passageiros que levou o assassino para Londres até o hotel onde o veneno foi colocado em uma xícara de chá da vítima.

Que oportunidade perdida para algum jornalista imaginativo ou para um roteirista de um *thriller* montar uma cena em algum lugar de Moscou, com um elenco de profissionais das agências do serviço secreto ou corporações de energia. A reunião teria incluído o assassino, toxicólogos e burocratas da administração pública. Alguém diz: "Você percebe, não é mesmo, que uma dose letal de polônio 210 custará cerca de 10 milhões de dólares? Por que não usar rícino — sabemos que é um veneno confiável e muito menos visível para a mídia; além disso, custará menos de 1 dólar."

Outro burocrata acrescenta: "Sim, e para produzir o polônio precisamos arranjar tempo em um reator que já está inteiramente ocupado com outras tarefas importantes."

Nesse momento intervém um dirigente. "Cavalheiros", diz ele, "a finalidade dessa ação não é meramente punir um traidor — e isso, por si só, exige visibilidade e amplificação pela mídia — mas o mais importante é manter o Ocidente apavorado com tudo que seja nuclear. Nosso futuro como potência mundial depende da nossa habilidade de torná-los inteiramente dependentes de nós para o fornecimento de petróleo e gás; se usassem energia nuclear, eles ficariam livres dessa dependência e poderíamos perder nossa capacidade de fazer o mundo seguir o caminho que desejamos. Dez milhões de dólares não são nada para a causa."

A cena não é mais que uma fantasia da minha imaginação, mas poderia ter sido uma boa história naquela época. Além disso, ela se torna mais verossímil à medida que entramos no século XXI, quando poder político e oportunidade comercial estarão cada vez mais ligados ao fornecimento de energia. Seria ingênuo esperar que as companhias energéticas recuassem e vissem sua lucratividade comprometida pela energia nuclear barata, e o mesmo deve ser verdadeiro para a frustração das aspirações nacionais. O fluxo de caixa da indústria nuclear é minúsculo comparado ao das companhias de petróleo, gás ou carvão, e o dinheiro disponível para anunciar as vantagens da energia nuclear é proporcionalmente menor.

O medo da energia nuclear tornou-se tão profundamente entranhado que, se um engenheiro de uma usina nuclear japonesa deixar cair uma chave inglesa no pé e precisar de primeiros socorros, o fato receberá uma exposição nas manchetes dos nossos jornais dizendo: "Acidente grave em usina nuclear japonesa." A morte de cem ou mais mineiros chineses na explosão de uma mina de carvão subterrânea não merece mais que um pequeno parágrafo perdido no meio do mesmo jornal.

O que acabo de escrever não é nenhum exagero. Em julho de 2007, um terremoto no Japão abalou uma usina nuclear o suficiente para causar seu fechamento automático; o tremor foi de gravidade suficiente — acima de 6 na escala Richter — para causar dano estrutural significativo em uma cidade média. A única consequência "nuclear" foi a queda de um barril de uma pilha de lixo de baixo nível que acarretou o vazamento de cerca de 90 mil becqueréis de radioatividade. A notícia ganhou manchete de primeira página na Austrália, onde disseram que o vazamento representou uma ameaça de radiação ao mar do Japão. A verdade é que 90 mil becqueréis são apenas o dobro da quantidade de radioatividade natural, basicamente na forma de potássio, que você e eu carregamos em nossos corpos. Em outras palavras, se aceitarmos essa conclusão histérica, a simples presença de dois nadadores no mar do Japão seria uma ameaça de radiação.

Combustíveis fósseis

Este livro não é o lugar para listar estatísticas completas sobre reservas e produção de combustíveis. Com um pouco de esforço e discernimento elas podem ser encontradas na internet, mas farei alguns comentários sobre os combustíveis atualmente em uso e sobre nossas perspectivas de alimentos para o próximo século.

Ainda restam enormes reservas de carvão, petróleo e gás natural e, além disso, há quantidades ainda maiores de combustíveis menos eficientes, como areias de alcatrão, xisto e turfa. O problema é que esse combustível natural é renovado bem lentamente, a um centésimo do ritmo em que o queimamos. O que importa não é a quantidade queimada, mas a rapidez com que estamos queimando. Entretanto, se no nosso carro usássemos como combustível a gasolina ou o diesel produzido a partir do dióxido de carbono atmosférico utilizando energia nuclear ou energia térmica solar, estaríamos fazendo algo de bom para o planeta. Não é o combustível que é danoso, mas o balancete de sua produção e uso. Tudo depende, como muitas vezes me lembra meu amigo e mentor Chris Rapley, diretor do Museu de Ciência, da população. Se houvesse apenas 100 milhões de nós na Terra, poderíamos fazer praticamente qualquer coisa que quiséssemos sem prejuízo. Com 7 bilhões, duvido que qualquer coisa sustentável seja possível ou vá reduzir significativamente a queima de combustível fóssil; por "significativamente" quero dizer o suficiente para deter o aquecimento global. Sete bilhões vivendo como o fazemos, e aspiramos fazê-lo, é demais para um planeta que tenta autorregular seu clima.

Se pudéssemos coletar todo o dióxido de carbono emitido da queima de combustível fóssil antes que chegasse até o ar, talvez fôssemos capazes de enterrá-lo bem fundo no subterrâneo em locais dos quais ele não conseguisse escapar. Tentativas para tal estão a caminho em todo o mundo, mas certamente não devem conseguir deter o aquecimento global porque seu efeito total nunca poderá ser amplo o bastante. Mais detalhes sobre estes e outros projetos para conter a mudança climática estão no Capítulo 5.

O petróleo cru foi explorado comercialmente pela primeira vez na Pensilvânia, Estados Unidos, em 1850. Logo depois de sua descoberta, percebeu-se que o produto destilado do material cru era mais vendável. O petróleo deixou sua primeira marca no mundo como querosene, ou, como é chamado no Reino Unido, *paraffin*. Foi usado no mundo inteiro, principalmente para lamparinas e fogareiros para cozinhar. Em algumas partes do mundo, especialmente na África, ainda tem essa utilidade. Nos anos 1920 e 1930, muitas vezes me mandavam para fazendas distantes durante as férias escolares. Com muita frequência, cozinhava-se em fogareiro a querosene e o alimento era impregnado pelo combustível malcheiroso. Quando viagens por aviões a jato se tornaram comuns, o cheiro do querosene se tornou familiar. Um avanço da química petrolífera que passou despercebido foi a remoção da maioria dos componentes de odor intenso do querosene e do diesel, de maneira que, hoje, o cheiro é quase tolerável.

No final do século XIX, a destilação do petróleo cru havia tido enorme desenvolvimento. Os produtos foram os gases leves; líquidos voláteis (por exemplo, gasolina); líquidos menos voláteis (querosene e combustível diesel); frações mais pesadas, que eram os óleos combustíveis para navios e fornos; a fração de óleo lubrificante quase não volátil; e, finalmente, o que sobrou do processo de destilação era alcatrão ou asfalto. Gastei parte da minha vida dentro ou perto das refinarias de petróleo do Reino Unido e dos Estados Unidos. Para mim, sempre houve um elemento de fascínio atemorizante numa visita a um desses emaranhados disciplinados de dutos em meio ao rugido ensurdecedor das refinarias operando em segundo plano. No início, visitei-os como um pioneiro da cromatografia gasosa e mostrei aos seus químicos como separar e identificar a ampla gama de hidrocarbonetos existente, para produzir um combustível como gasolina. Algo de grande interesse para eles, já que a qualidade do combustível — o índice de octana — dependia da composição. Em troca, aprendi que dirigir uma refinaria é bem parecido com pilotar um avião que quase nunca pousa. O petróleo cru de lugares distantes que chega em petroleiros precisa ser bombeado para tanques de estocagem bem limitada dos quais, então, flui continuamente para ser destilado. As sete ou mais correntes separadas da coluna de destilação também fluem continuamente por meio de uma série de outros refinos até que, sem parar, entram na área de armazenamento do produto. Combustível líquido é um pouco como eletricidade: uma vez produzido, precisa fluir até ser queimado ou usado. A possibilidade de uma greve prolongada de tanqueiros foi motivo de permanente inquietação para os pilotos de refinaria; a paralisação não planejada de uma refinaria era parecida com o pouso de um avião numa autoestrada.

Todo combustível fóssil é de origem biológica, o mesmo sendo verdadeiro para o gás natural, que é um dos principais fornecedores de energia para boa parte do mundo. Há pouco tempo era considerado o mais limpo, o mais eficiente e o menos poluente de todos os combustíveis fósseis, e parte considerável da redução de emissões de dióxido de carbono da Europa é decorrente do uso de gás natural facilmente disponível. A molécula de metano contém quatro átomos de hidrogênio para seu único átomo de carbono; portanto, quando queimada, aproximadamente metade da energia origina-se do conteúdo de hidrogênio, cujo produto de combustão é água. O carbono, naturalmente, produz dióxido de carbono, mas apenas metade da quantidade do carvão ou petróleo para a mesma quantidade de energia.

Não apenas isso, o metano pode ser queimado diretamente em sistemas de turbina a gás termodinamicamente eficientes, cujo calor residual pode ser utilizado para o aquecimento urbano. Woking, em Surrey, tem um dos menores índices de poluição de todas as cidades do Reino Unido, basicamente por causa do uso da geração combinada de calor e energia. Se o mundo tivesse permanecido como era em 1960, a conversão para a queima de metano poderia ter sido suficiente por si só para satisfazer a necessidade de interromper a mudança climática. Tornamo-nos tão pródigos no uso de energia que a pressão sobre as reservas de metano do mundo levou a elevações de preços que ainda continuam a manchar a qualidade outrora imaculada do combustível gasoso. Raramente se menciona que um possível vazamento de metano para o ar antes de ser queimado provocaria um efeito estufa cerca de vinte vezes maior que o do dióxido de carbono.

O carvão é o combustível verdadeiramente sujo. Desde a discussão conjugal causada por um mineiro que deixa sua pegada de carbono no novo tapete da esposa até o desastre de Londres de 1952, quando mais de 5 mil pessoas morreram intoxicadas por fumaça de carvão numa única noite, ele sempre teve essa fama. São incontáveis os que ainda morrem e adoecem por causa da fumaça de carvão no mundo, particularmente na China e na Mongólia. Contudo, não é o próprio carvão que mata, mas o modo ineficiente como nós o queimamos ao ar livre. O ar de Londres, exceto pela poluição do tráfego, é agora quase limpo para respirar, embora 33% de toda a eletricidade que usamos ainda se originem da queima de carvão. Em 2008, Sandy e eu formos convidados a um café da manhã em um hotel de Londres com James Rogers, da Duke Energy, e Mary, sua esposa. Meu amigo Stewart Brand havia nos apresentado e achou que o encontro seria benéfico para ambos: ele tinha razão. Descobri que Jim Rogers, uma figura importante na gigantesca indústria americana de carvão, estava tão preocupado com o nosso futuro quanto eu e era incrivelmente pragmático. Tínhamos a mesma opinião de que não havia nem tempo nem recursos para enterrar o efluente de dióxido de carbono das centrais energéticas movidas a carvão em escala global. Foi muito importante ouvi-lo dizer quão imenso era o uso de carvão no mundo inteiro como principal fonte de energia. Se conseguiremos ou não reverter a mudança climática ora em curso dependerá da rapidez com que pudermos fazê-lo. O encontro confirmou minha opinião de que, em termos globais, existe uma chance bem pequena de retroceder até o mundo de cem anos atrás. Em seu livro *Big Coal — The Dirt Secret Behind America's Energy Future* [A importância do carvão: o segredo sujo por trás do futuro energético da América], Jeff Goodell traz o melhor e mais recente relato do nosso enorme problema com o carvão.

Energia renovável

A energia renovável é geralmente definida como energia gerada de recursos naturais — tais como vento, luz solar, água corrente, marés, calor geotérmico, biocombustíveis e a queima de biomassa —, que são naturalmente renovados. Parece boa tanto para os seres humanos como para a Terra, e muitos acreditam sinceramente que um uso pleno dessa energia poderia "salvar o planeta".

Energia renovável é algo que se origina de Gaia, enquanto combustível fóssil e energia nuclear são feitos pelo homem e, portanto, sujos. Isso é absolutamente inverídico, um mito que remonta no mínimo a Rousseau. Nós imaginamos que de alguma forma todos podemos viver naturalmente e que energia natural e alimento orgânico são fundamentalmente diferentes e de melhor qualidade que qualquer produto industrializado. Pode parecer que vento soprando e água corrente sejam mais naturais que um reator nuclear, mas não são: havia reatores nucleares naturais onde está agora o Gabão, na África, que mantiveram quentes os micro-organismos que os produziram, 2 bilhões de anos atrás. Além disso, as turbinas que extraem energia renovável do vento ou do fluxo de água precisam ser fabricadas: desgastam-se e devem ser renovadas, o mesmo acontecendo com a torre de aço e as lâminas que giram. Toda a energia que usamos, exceto a nuclear, é energia solar de segunda ou terceira mão e o termo "energia renovável" não faz nenhum sentido no nosso mundo atual. O que, então, o torna tão atraente mesmo para os obstinados homens de negócios? Eles são atraídos pelos subsídios oferecidos por governos impulsionados pela pressão de uma ideologia verde e modernosa em voga. A mesma força persuasiva faz com que eles penalizem aquilo que dá a impressão de não ser verde: carvão, petróleo e energia nuclear.

A energia pode ser separada entre renovável e não renovável de acordo com sua origem? Não, não pode. A primeira lei da termodinâmica, uma das três grandes leis do universo, declara que "a energia é sempre conservada", mas não menciona nada sobre ser renovável. Neste universo, a energia não pode ser renovada: tudo que podemos fazer é pegá-la, utilizá-la e sermos gratos.

A palavra "conservada" é mais fácil de entender. Imaginemos uma caneca de meio litro de água fria: se adicionarmos nele uma única colher de chá de água fervente e misturarmos, a caneca de água se tornará quase imperceptivelmente mais quente. Mas a energia térmica total da água na caneca terá sido elevada pela quantidade exata de energia térmica contida na colher de água fervente. A energia foi, portanto, conservada. Curiosamente, se pedíssemos a um fabricante de instrumentos que construísse um motor minúsculo, a diferença em temperatura entre aquela colher de água fervente e a caneca de água fria poderia ter sido usada para propelir um dínamo minúsculo e produzir eletricidade. Porém, embora você tivesse usado a eletricidade, a energia ainda teria sido conservada.

O adjetivo "renovável" é empregado como um julgamento de valor humano: não tem nenhuma base na ciência. Mas, por não sermos deuses nem deusas capazes de produzir energia ou matéria a partir do nada, temos de obedecer às leis do universo e, surpreendentemente, isso implica que qualquer coisa que fazemos é natural. Um utilitário esportivo com tração nas quatro rodas e o combustível no seu tanque são tão naturais quanto um ninho de cupim. Sem vida na Terra, nenhum deles poderia existir, nem o carro poderia ser dirigido; esquecemos com demasiada facilidade que o combustível é inútil sem oxigênio. Utilitários esportivos e o combustível em seus tanques não são intrinsecamente bons ou maus, embora o que é feito com eles possa ser. Qual é, então, o motivo de tanta confusão? O motivo é que existem muitos de nós que queimam combustível mais de cem vezes mais rápido do que a Terra é capaz de renová-lo.

Energia eólica

A energia eólica, assim como a nuclear, é uma das fontes de energia mais contenciosas e mais irritantes. Usada com inteligência, em locais onde a natureza volúvel do vento não seja um inconveniente, é um recurso local valioso, mas o uso intensivo do vento na Europa como suplemento da energia elétrica básica provavelmente será lembrado como um dos grandes desatinos do século XXI — um exemplo de engenharia imponente mal utilizada por motivos ideológicos e tão imprópria quanto o transporte de passageiros por dirigíveis cheios de hidrogênio.

Devo declarar uma aversão pessoal específica pelas grandes turbinas eólicas em terra. Minha casa fica no condado de Devon, na região sudoeste da Inglaterra, uma das últimas áreas da Grã-Bretanha a preservar o padrão de campos em forma de tabuleiro de xadrez em pequena escala, demarcado por cercas vivas que fizeram nossa região rural ser tão admirada em todo o mundo. A South West Coast Path corre mil quilômetros de Minehead, em Somerset, até Poole, em Dorset, e passa ao longo da costa de Devon ao norte e ao sul: essa costa inclui algumas das paisagens mais magníficas da Europa e parte dela foi escolhida com justiça como Patrimônio da Humanidade pela Unesco. Decidi viver aqui porque a valorizo bastante, uma das poucas áreas remanescentes da zona rural basicamente não afetada pela influência urbana ou pela agroindústria, e considero-a um exemplo de como as pessoas e a terra podem viver juntas de maneira decente. Fazer desse condado a central de geração de eletricidade a partir de energia eólica em escala industrial é, para mim, tão filisteu quanto colocar uma estação de tratamento de esgoto no Hyde Park ou no Central Park e, contudo, é essa a intenção do nosso governo, embora sob grande pressão da União Europeia. Um alto funcionário público do Departamento de Comércio e Indústria, na época em que Patricia Hewitt era ministra de Estado, chamava de Nimbys (***not in my backyarders***, ou seja, "*a turma do não-no-meu-quintal*") àqueles que, como eu, eram opositores; *nimby* era um termo usado como insulto para aqueles que resistiam às inatacáveis boas intenções de seu departamento. Tenho orgulho de ser chamado de Nimby, pois meu quintal é a zona rural, e vejo essa terra como a face de Gaia.

Fossem esses parques eólicos realmente eficientes e capazes de resolver nossas necessidades energéticas, eu poderia ser convencido a fechar a boca e suportar sua feia intrusão, mas, de fato, eles são quase inúteis como fonte de energia. Seriam necessários 2.500 quilômetros quadrados de terra para fornecer área suficiente para uma fonte de energia eólica de 1 gigawatt. O vento sopra apenas 25% do tempo à velocidade certa para gerar uma quantidade útil de eletricidade; portanto, esse monstro precisaria ter o apoio de uma central energética de combustível fóssil quase do tamanho padrão para suprir eletricidade sempre que o vento soprasse acima ou abaixo da média.

Além da propaganda negativa dirigida à energia nuclear, existem quase tantas inverdades propagadas sobre as qualidades favoráveis da energia eólica. Tomemos como exemplo a intenção britânica de construir o maior parque eólico do mundo no estuário do Tâmisa, que teria 341 turbinas ocupando uma área de 230 quilômetros quadrados. Alegam que seria um projeto de 1 gigawatt e, portanto, igual em rendimento a uma típica usina nuclear. Na campanha ruidosa em defesa do projeto está a alegação de que o parque fornecerá eletricidade suficiente para um terço dos lares de Londres e economizará a emissão de 1,9 milhão de toneladas de dióxido de carbono. Parece bom até você perceber que uma central energética completa supostamente alimentada a carvão, emitindo quantidades copiosas de dióxido de carbono, terá de ser construída como central de apoio quando o vento não soprar. O rendimento médio real seria de apenas 400 megawatts de eletricidade flutuante. Se fosse contínuo, o que não é, bastaria para 830 mil lares, cada um consumindo 4.200 quilowatts-hora por ano. Fico satisfeito em saber que a empresa petrolífera Shell teve a sensatez, apesar dos subsídios, de se retirar desse projeto fadado ao fracasso.

Sobreviver nessas ilhas com uma população de, talvez, até 100 milhões exige uma fonte constante e confiável de eletricidade obtida de combustível nativo. Seria loucura buscar isso sem energia nuclear. É lamentável que tantos do movimento verde e seus discípulos intelectuais ainda se oponham à energia nuclear sob pretextos tão inconsistentes quanto medo do fogo do inferno e do Diabo.

Fonte	**Pegada**	**Poluição**	**Subsídio necessário**
Carvão e petróleo	2	10	Não
Gás	1	5	Não
Nuclear	2	1	Não
Térmica solar	150	0	Não
Voltaica solar	150	2	Sim
Eólica	30.000	4	Sim

Tabela 2. *Ilustra, para as diferentes fontes de energia, a cobertura relativa de área (pegada), emissões de gases de efeito estufa e se subsídios são necessários para que sejam lucrativas.*

Comparemos as fontes de energia ora propostas. As pegadas do carvão e das usinas nucleares são comparáveis, e uma usina de 1 gigawatt ocupa cerca de 10 hectares, ou aproximadamente seis campos de futebol. Usinas de rendimento semelhante alimentadas a gás ocupam apenas cerca de 5 hectares. Mas as centrais energéticas solares exigiriam 13 quilômetros quadrados de deserto em latitudes baixas, até mesmo de 30° (muito distante da Grã-Bretanha). A energia eólica exige 2.600 quilômetros quadrados para uma instalação terrestre de 1 gigawatt. A única fonte inteiramente não poluente é a térmica solar; a eólica e a voltaica solar são, na prática, poluentes, porque precisariam de sistema de apoio de combustível fóssil quando não estivessem produzindo. Considerei como poluição o descarte da pequena quantidade de lixo nuclear, mesmo não tendo importância climática.

Agora que os excessos não estão mais na moda, não existe desculpa para manter subsídios para qualquer fonte de energia. Há alternativas consideráveis, e fontes ineficientes, como a eólica, no Reino Unido, deveriam ser abandonadas em prol da energia nuclear. Na Europa e nos Estados Unidos, a promessa de energia térmica solar amplia as opções.

Nossa maior necessidade no Reino Unido será um fornecimento garantido de alimento e energia. Em breve, o crescente apetite do mundo por ambos, e o agravamento das condições do clima, tornarão o abastecimento vindo do exterior progressivamente mais caro e seremos impelidos cada vez mais a produzir alimento e gerar eletricidade a partir de nossos próprios recursos. Nós, na Grã-Bretanha, não somos mais uma importante nação no campo da engenharia e da indústria e podemos ter de deixar o desenvolvimento de engenharia do nosso fornecimento de energia àquelas nações mais bem preparadas para fazê-lo. A pior de todas as possibilidades seria que nos tornássemos o campo de prova para tecnologias em teste, e é isto que está acontecendo agora com as turbinas eólicas. Demora muito para transformar uma boa ideia em uma fonte prática de energia, e não temos tempo. Deixe-me explicar.

A mudança climática poderá nos forçar a desenvolver novas fontes de alimentos e energia; precisamos reagir prontamente e saber quanto tempo leva para estabelecer algo novo em uma escala global. O tempo será determinado por engenheiros e inventores e a capacidade deles pode ser resumida naquela frase empregada por advogados especializados em patentes: "reduzir à prática." Dá a impressão que é fácil, mas é o processo decisivo que transforma o esboço rudimentar de um inventor rascunhado no verso de um envelope em algo que se poderá ter na cozinha. Bons engenheiros, por meio de uma longa série de pequenos passos, podem dar uma utilidade prática bem-acabada à ideia de um amador. Dessa maneira, os primeiros motores a vapor foram lentamente aperfeiçoados até se tornarem a peça confiável e crucial da civilização industrial do século XIX e início do século XX.

O período de gestação entre uma ideia inspiradora até um produto globalmente comercializável é muito maior do que em geral imaginamos — de fato, é em média cerca de quarenta anos. Leva esse tempo todo para desenvolver o primeiro modelo operacional rudimentar até algo que atende quase todos. O primeiro indício de uma proposta para a televisão veio em algum momento perto de 1900, mas não foi senão nos anos 1950 e 1960 que os aparelhos de televisão entraram nos lares do mundo inteiro. Os irmãos Wright voaram em seu primeiro avião em 1900, mas outros quarenta anos se passaram antes que pudéssemos começar a usar a atmosfera como um meio alternativo para viajar. Os apaixonados pela tecnologia que acreditam em todas as palavras escritas por autores científicos com muita imaginação acham difícil acreditar que, apesar da Lei de Moore, segundo a qual os chips de computador dobram de velocidade a cada ano e meio, se passaram quarenta anos desde os primeiros computadores eletrônicos operacionais na Segunda Guerra Mundial até o uso disseminado de computadores nos lares.

Provavelmente serão necessários pelo menos dez anos para lançar em escala global uma energia abundante obtida de energia térmica solar ou energia de marés, mas, a julgar pelas dispendiosas propagandas diárias das empresas de energia, poderíamos imaginar que energia verde barata e abundante está à venda agora. Não está: o atrativo dos projetos de energia verde é simplesmente a obtenção de parte dos subsídios, não que sejam inerentemente bons ou pudessem competir no mercado apenas por seus méritos. É bem raro que o incentivo por meio de subsídios seja eficiente. Subsídios às viagens aéreas nos anos 1920 não as teriam tornado competitivas com a viagem por trem ou navios de passageiros. O transporte aéreo precisou esperar um pleno conhecimento da aerodinâmica e o desenvolvimento de motores a jato antes que realmente decolasse com todos nós a bordo.

Também é tolo imaginar que uma política de tempos de guerra, como o Projeto Manhattan, acelerasse rapidamente o progresso. Na prática, tal tipo de abordagem pode funcionar bem para o desenvolvimento de uma possibilidade existente, mas pode atrapalhar novas invenções. No século XIX, Babbage foi um gênio por ter se saído tão bem em projetar um computador mecânico, mas nenhum montante de subsídio na época teria acelerado aquelas etapas essenciais. Foi a invenção do transístor e, mais tarde, dos circuitos integrados, que levou aos nossos computadores pessoais. Só raramente dá certo apressar uma invenção. Mesmo o Projeto Manhattan teve de se apoiar nas descobertas pré-guerra de Hahn, Meitner, Pierls e outros

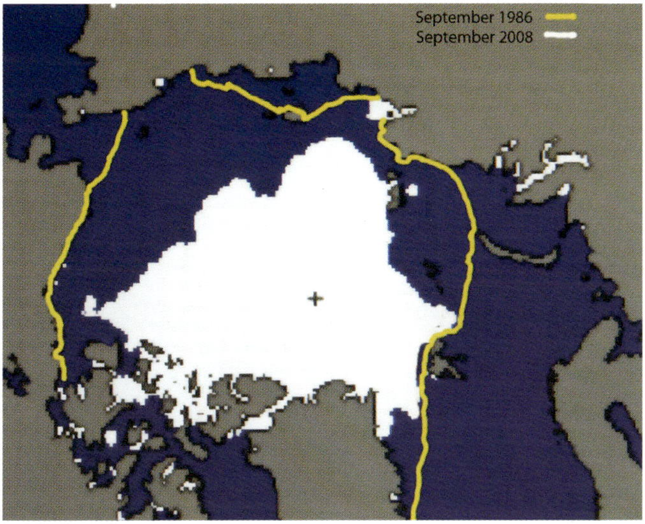

1. O "Buraco de Gelo", a vasta área de gelo flutuante do Ártico que derreteu nos verões de 2007 e 2008. Assim como o "Buraco de Ozônio", não foi previsto e é potencialmente mortal.

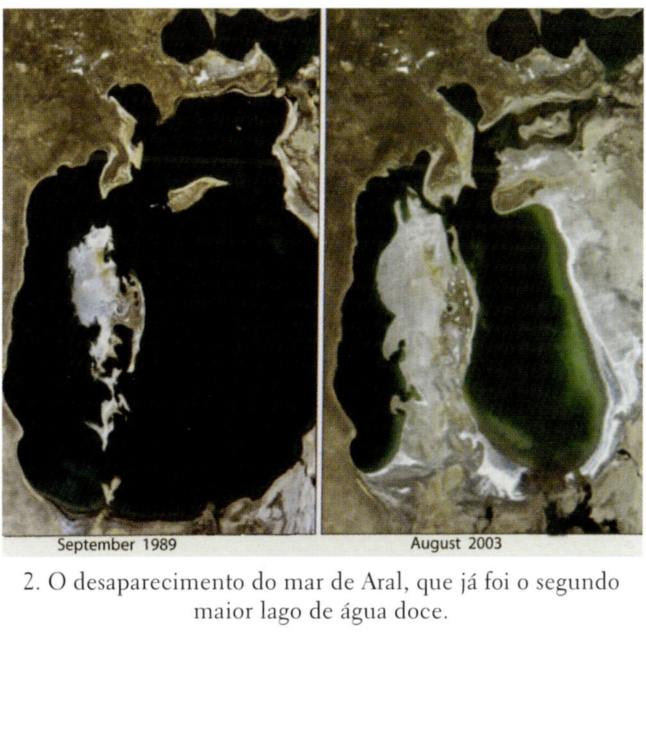

2. O desaparecimento do mar de Aral, que já foi o segundo maior lago de água doce.

3. White Knight 2, a aeronave de carga que transporta a espaçonave Virgin Galactic até seu ponto de lançamento, a uma altura de mais de 16 quilômetros.

4. A pequena espaçonave da qual espero ver a face de Gaia.

5. Zona rural de Devon, perto da minha casa, atualmente sob ameaça dos parques eólicos em escala industrial.

6. Um parque eólico na Escócia, cuja implantação foi estimulada pelo Partido Verde Escocês.

7. O detector de captura de elétrons, DCE, mediu com precisão os CFCs, PCBs e pesticidas no meio ambiente de todo o planeta e, assim, possibilitou que surgisse o movimento ambientalista.

8. James Lovelock, de pé sobre resíduo nuclear francês de alto risco.

9. Seca na Austrália, que poderá ser comum em outros lugares numa época não muito distante.

10. O deserto da Namíbia, uma paisagem que, também, poderá se espalhar ainda mais.

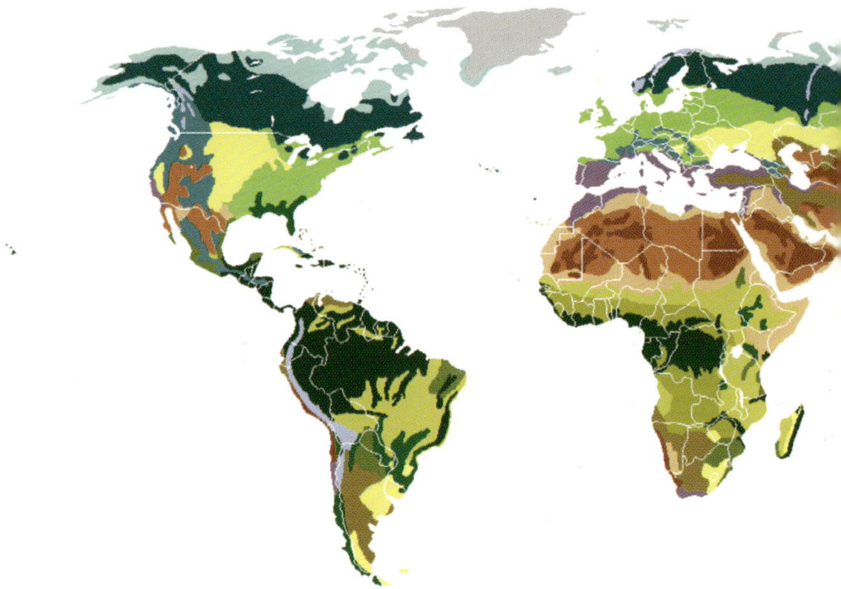

11. Distribuição da vegetação no globo.

12. Os oceanos do mundo, mostrando vastas áreas de água estéril, em azul escuro.

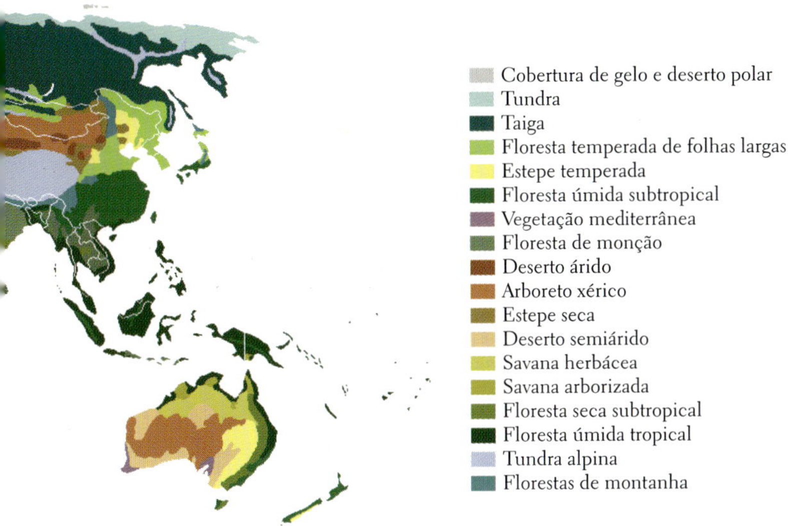
Cobertura de gelo e deserto polar
Tundra
Taiga
Floresta temperada de folhas largas
Estepe temperada
Floresta úmida subtropical
Vegetação mediterrânea
Floresta de monção
Deserto árido
Arboreto xérico
Estepe seca
Deserto semiárido
Savana herbácea
Savana arborizada
Floresta seca subtropical
Floresta úmida tropical
Tundra alpina
Florestas de montanha

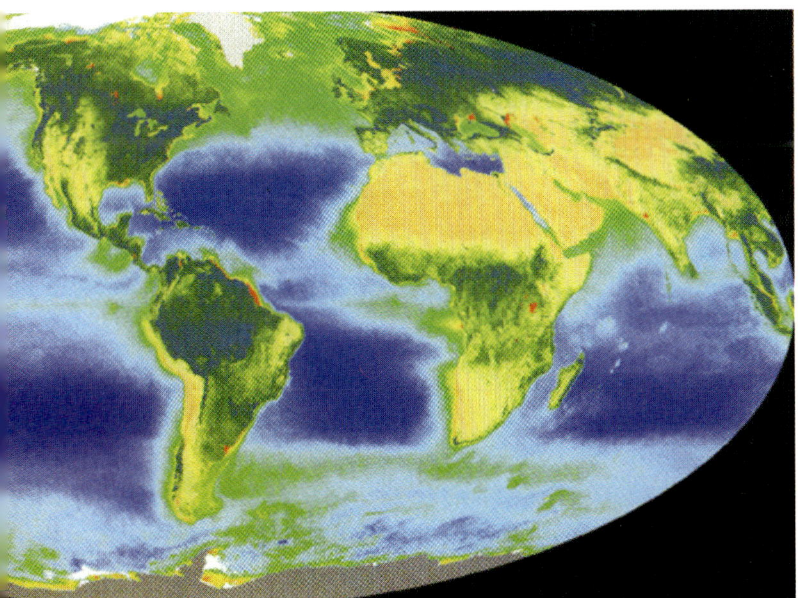

13. Vegetação selvagem na região central do Brasil. Essas florestas tropicais são parte vital do sistema da Terra.

cientistas; seu produto final foi uma bomba, se bem que uma bem poderosa, e ainda levou quarenta anos desde a descoberta do nêutron por Chadwick em 1932 antes que a energia nuclear se tornasse uma fonte prática de fornecimento de energia em escala global. Não foi senão nos anos 1970 que a eletricidade obtida por fissão nuclear tornou-se parte significativa do fornecimento para cada lar do Reino Unido.

O romancista C. P. Snow descreveu a divergência na Grã-Bretanha entre humanistas e cientistas em seu livro *As duas culturas*. Desde 1980, aproximadamente, os humanistas têm sido vitoriosos, e a credibilidade e a personalidade dos cientistas e engenheiros perderam em importância. Boa parte do fracasso nos preparativos para enfrentar e contra-atacar o aquecimento global origina-se da incapacidade de políticos e funcionários públicos, que muito raramente são cientistas, de entender a mensagem de bons cientistas e engenheiros, e conseguir separar a ciência genuína da alternativa. Com frequência, os clamores estridentes e exageradamente otimistas de empreendedores ou grupos de pressão empresariais apregoam conselhos válidos e práticos. O aquecimento global já está aqui, e não podemos nos dar o luxo de esperar nem mais um pouco. Precisamos começar a preparar nossas defesas agora.

Comida e espaço para viver

Se a Grã-Bretanha deseja se tornar o refúgio dos europeus em fuga do calor global, além de energia, precisaremos de um fornecimento garantido de comida, suficiente para manter até 100 milhões de pessoas bem alimentadas. Igualmente importante: precisamos de moradia para eles e cidades com uma infraestrutura completa para lojas, escolas, hospitais e locais de trabalho. Fomos incrivelmente descuidados com o uso da terra e ludibriados pela profusão de alimentos da globalização, que aparentemente imaginamos continuará para sempre. Preços dos alimentos em ascensão, como as primeiras rajadas de uma grande tempestade, prenunciam a fome que deverá chegar em breve. Agora que os dias de fartura estão acabando, como podemos usar a superfície agrária da Grã-Bretanha para cultivar a comida de que precisamos?

A produtividade das modernas fazendas de agronegócios é muito maior que a das fazendas tradicionais que conheço e adoro, e numa ilha populosa, podemos não ter outra alternativa senão o cultivo intensivo, pelo menos na terra em que essa é a melhor forma de aproveitamento. Uma área particularmente produtiva do Reino Unido é a East Anglia, mas algumas de suas melhores partes são de baixa altitude e em lugares que já estão abaixo do nível do mar. É vulnerável a uma maré alta provocada por uma grande tempestade, e os crescentes níveis do mar aumentam a ameaça.

Será difícil para aqueles apaixonados pela região rural mais delicada de que desfrutamos em tempos passados, mas deve existir um meio sensato de dar e também de receber. Cidades precisam de parques e o país precisa de Parques Nacionais e da terra agora usada criteriosamente pelo National Trust e organizações similares. Temos sorte de ter longos trechos de uma paisagem costeira soberba e trilhas de pedestres bem delimitadas ao longo dela. A costa não é lugar para cultivar alimento nem, aliás, para instalar parques energéticos. Como em tempo de guerra, a lavoura evoluirá para satisfazer nossa necessidade de comida, e a zona rural terá uma aparência bem diferente da atual. O cultivo intensivo em estufas e túneis plásticos transparentes já está acontecendo e, à medida que as importações diminuírem, nossa necessidade de horticultura comercial, com o cultivo de hortaliças e frutas, aumentará. Pergunto-me se ainda teremos bois e carneiros — uma maneira bem ineficiente de produzir comida — ou se aves e porcos comedores de sobras fornecerão nossa carne.

Meu sonho é que descubramos como sintetizar toda a comida de que precisamos a partir de dióxido de carbono, nitrogênio, água e alguns minerais. Com energia abundante, não é difícil sintetizar aminoácidos simples e açúcares, que são o alimento normal de células vivas, a partir de ar e água. Estes poderiam ser, então, a ração da massa animal ou do tecido vegetal, que poderia ser colhido como alimento. Talvez uma amostra da biópsia do músculo da pata de um único touro Aberdeen Angus pudesse fornecer assim bifes para uma multidão. (Algo parecido com essa espécie de comida sintetizada já existe numa forma comercial. É um produto microproteico cultivado que os supermercados vendem sob o nome comercial "Quorn".) Assim, a pegada da produção alimentícia encolheria até que terrenos inteiros fossem devolvidos a Gaia. Talvez pudéssemos redimir a tecnologia e voltar dessa maneira ao mundo natural que estava presente antes que tivéssemos começado a usar o fogo. Uma grande quebra de safras em climas adversos futuros daria imediatamente à síntese de alimentos um papel vital. Mas assim como outros sonhos tecnológicos, não temos tempo de realizá-lo agora.

Primeiro, precisamos decidir e planejar como abrigar os 100 milhões, pois isso determina a área de terra que ainda nos sobra para cultivar comida. Tendo a ser favorável às cidades compactas imaginadas pelo livro *Cities for a Small Planet* [Cidades para um planeta pequeno], de Lorde Rogers. Vida em alta densidade não apenas é possível, mas muito melhor que a expansão suburbana e sub-rural. Novas cidades desse tipo se libertariam da terra em vez de, como agora, competir com ela. Em tais cidades compactas quase tudo que é necessário poderia estar a uma distância de não mais que uma caminhada. Áreas para pedestres em vilas e cidades já estão mostrando a direção a seguir. Andarilho viciado que sou, sonho com Londres, Paris ou Florença sem veículos de rodas de qualquer espécie. Uma grande surpresa na Segunda Guerra Mundial foi a descoberta de que a produção de alimento por hectare era quatro vezes maior nos pomares e hortas urbanas em lotes alugados ou franqueados pelo governo que nas fazendas. Para muitas pessoas que cultivam alimentos em pequena escala pessoal é uma gratificante ocupação para as horas livres.

Mais de 50% dos habitantes do mundo agora vivem nas cidades; nas nações mais ricas, mais de 90% são moradores urbanos. A tendência é que mais e mais pessoas deixem a zona rural para uma nova vida na cidade. Desconfio que uma cidade bem gerida use menos alimento e energia que uma civilização de vilarejos e fazendas isoladas; certamente menos que as comunidades sub-rurais distribuídas que hoje cercam a maioria das cidades do mundo desenvolvido. Poderíamos quase pressupor que, no Primeiro Mundo, sejamos todos habitantes de cidades e, como tal, inteiramente dependentes de abastecimento regular de comida, água, matérias-primas e energia. Poucos dos que moram em casas ou apartamentos urbanos algum dia vão até o poço para pegar água ou arrancam batatas da terra para comer. Quase como um superorganismo, a cidade cresce e se esparrama, como as raízes de uma árvore, sua rede de água, gás e esgoto e seus cabos de eletricidade e comunicação. Só percebemos sua existência quando acontece algo de errado — um mau cheiro saindo da tubulação, água turva escorrendo da torneira ou interrupções no fornecimento de luz elétrica e calor. Manter o abastecimento constante exige um sistema poderoso de regulação, que quase sempre usa eletricidade. No passado, os esgotos transportavam seus efluentes usando apenas a gravidade para alimentar o fluxo, mas com o crescimento da cidade as bombas tornaram-se necessárias. Estas e as bombas para água potável, com suas válvulas de controle para regular a pressão, são todas operadas eletricamente das estações de controle. Os trens subterrâneos e de superfície são movidos eletricamente, assim como as bombas de combustível que enchem os carros e caminhões de carga. Edifícios residenciais e de escritório têm, todos, elevadores e iluminação dependentes da disponibilização constante de eletricidade, como também os telefones celulares e fixos que possibilitam nossa incessante tagarelice. Dentro dessa mesma lógica, existem sistemas de televisão e de rádio; nos divertimos com jogos, escrevemos cartas e realizamos muitas das funções práticas da vida moderna por meio dos computadores — quem já ouviu falar de um microcomputador movido a gás ou vapor?

É essa a dependência total do habitante da cidade de um suprimento constante e invariável de eletricidade. Sem ela, a cidade morre, e rapidamente — como morreríamos sem oxigênio. Os indivíduos de uma cidade privados de eletricidade vivem por algum tempo, embora numa atividade frenética, mas sem rumo, assim como fazem as células de um corpo que acabou de morrer; em uma semana, tudo o que estava vivo estará morto. Os cadáveres são lentamente reintegrados pelo mundo natural.

Você algum dia pensou o que aconteceria a Londres, ou qualquer outra cidade grande, se não houvesse eletricidade por uma semana? É isso o que poderia acontecer se confiássemos na energia verde para dirigir nossas vidas. Imaginemos que as turbinas eólicas substituíram inteiramente nossas usinas nucleares envelhecidas, que ouvimos de coração a mensagem verde, fechamos a última central energética movida a carvão para "salvar o planeta" e fizemos nossas cidades funcionar por meio de vento e gás natural russo. Sustentar uma cidade exige fornecimento constante e confiável de energia. Tolerar suprimentos apenas intermitentes não é uma opção. Isso foi bem ilustrado há poucos anos na televisão britânica por um programa da BBC, *Horizon*, sobre as consequências de uma falha no fornecimento de eletricidade de Londres. O programa mostrou por meio de ficção dramatizada o que aconteceria à cidade e à sua população se a eletricidade fosse cortada por uma única semana. A causa imaginada foi um desastre na Europa que danificou o abastecimento de gás por meio dos dutos sob o mar do Norte, coincidindo com um período de anticiclones frios que inviabilizavam a energia eólica. Eu sabia antes do programa que a vida urbana era fortemente dependente da eletricidade, mas não sabia quantas das nossas atividades diárias não poderiam continuar sem ela. O programa revelou a vulnerabilidade dos sistemas de esgoto e fornecimento de água, e como ambos dependem da eletricidade para sua operação; o mesmo vale para os sinais de trânsito, as bombas que fornecem combustíveis nos postos de gasolina e nos supermercados, particularmente os refrigeradores. Iluminação das ruas e das casas, elevadores dos edifícios altos, hospitais e policiamento — de fato, quase tudo é dependente da eletricidade. O programa mostrou como no curso da semana Londres se degenerou até chegar às condições de um acampamento lotado de refugiados esfomeados. Era uma ficção, mas, após conversas com colegas dos setores de geração e transmissão de energia, não tive muita dúvida de que estava próxima da verdade.

A Europa está equivocada de modo peculiar com relação à energia nuclear. A França é um exemplo para todo o mundo de uma nação que gera toda a sua eletricidade, seja a partir de recursos hídricos ou de energia nuclear. Boa parte do restante da Europa, com as notáveis exceções da Suécia, Finlândia e outras nações bálticas orientais, foi insensatamente convencida a rejeitar a energia nuclear em favor de uma mistura insustentável de gás, carvão e projetos ineficientes de energia alternativa. A rejeição da energia nuclear na Europa continental pode ser menos séria porque, aparentemente, eles não têm aversão à queima de carvão, possuem um suprimento modesto de hidroeletricidade e têm fé em um constante fornecimento de gás russo. Nós, do Reino Unido, fomos pressionados a usar fontes ineficientes e inseguras de energia por meio do poder legal da União Europeia; elas são perigosamente caras e, se insistirmos, nos levarão à ruína. Isso nos custa um alto preço em impostos para financiá-las e desestimula os investimentos em energia nuclear que, sem a necessidade de subsídio, produz eletricidade de uma maneira mais confiável e a um terço do custo da energia eólica. Imaginamos, quando nossos líderes subscreveram o compromisso com as energias renováveis, que estávamos sendo verdadeiramente verdes, e pagamos de bom grado; não vimos, na época, que estávamos sendo iludidos para que apoiássemos uma Política Energética Comum (PEC) europeia *de facto*, principalmente em benefício das indústrias alemãs e dinamarquesas de renováveis. A Política Agrícola Comum (PAC) existente foi introduzida inicialmente na Comunidade Europeia pelo presidente De Gaulle — despudoradamente favoráveis aos agricultores franceses. Os principais financiadores foram a Alemanha e, mais tarde, o Reino Unido, quando foi finalmente admitido àquele ao que até 1973 era um clube exclusivo. A PAC continuou benéfica à França e às nações sul-europeias e Irlanda; a Alemanha e o Reino Unido continuaram sendo os financiadores. Compreensivelmente a Alemanha, que tinha tolerado esse fardo, sentiu que era necessário algum tipo de compensação. Os europeus têm se comportado com sensatez de acordo com suas crenças, mas acho que os políticos britânicos não perceberam o quanto a PAC e a PEC seriam prejudiciais para nossa nação. De forma insensata, assinamos um acordo em que nos comprometemos a alimentar nossa nação com uma fonte cara, ineficiente e experimental. Energia verde alternativa nunca conseguiria suprir nossas necessidades de eletricidade agora e certamente não quando, como parece possível, nossa população crescer a 100 milhões. Todos nós da Europa, mas particularmente do Reino Unido e da Irlanda, deveríamos abandonar esse romântico embora tolo sonho de depender de energia alternativa. Aplaudo nosso atual primeiro-ministro, Gordon Brown, por ter a força e a sabedoria de recomeçar a reerguer a energia nuclear. Deve ter sido necessária muita coragem para ir contra as pressões políticas da Europa e dos membros de seu partido, que ainda devem guardar na memória a alegria de marchar até Aldermaston proclamando a necessidade de fazer da Grã-Bretanha uma zona livre de energia nuclear. Ele descobrirá que é bem mais difícil revogar a legislação luddita que poderia retardar em dez anos as tentativas de reconstruir nossa indústria nuclear.

Se a Terra realmente mudar para um estado quente, ou próximo disso, acima de 4°C mais quente que agora, somente uma área limitada de terra estará disponível para ser compartilhada com ecossistemas naturais. Seria provavelmente imprudência de nossa parte pegar mais de 30% dessa área para nós mesmos e, levando em conta a expansão e os erros, provavelmente seria melhor ter como meta não mais de 10%. O fracasso na manutenção dos ecossistemas naturais da Terra deixaria a autorregulação do planeta inteiramente a cargo dos ecossistemas oceânicos, que são, num mundo quente, parcialmente desabilitados pela formação da camada superior quente, privada de nutrientes. Uma civilização *high-tech* compacta teria as seguintes vantagens: a síntese de alimentos reduziria seu impacto sobre o planeta e o deserto disseminado deste planeta calorífico seria um amplo provedor de eletricidade solar. Uma civilização desse tipo nos dá a chance de deixarmos de ser um fardo para a regulação Gaiana, e o tempo para aprendermos a complementá-la. Um alto padrão de vida com mulheres investidas de poder e bem instruídas talvez fornecesse um freio automático ao crescimento populacional. Se isso ocorresse em escala global, a ruptura causada pela guerra poderia ser menos provável.

5
Geoengenharia

Existem sinais de que podemos tratar o aquecimento global com recursos da engenharia ou por outros meios. Demonstramos que nosso experimento não programado e não proposital de lançar grandes quantidades de dióxido de carbono no ar pela queima de carvão como combustível carbono aqueceu o planeta, e agora sabemos que foi um erro. Significaria que podemos curar o aquecimento global se lançarmos algum outro gás ou material que faça o oposto e esfrie? Cientistas, inclusive eu, acham que não temos muitas opções, exceto tentar; mas, certamente, é muito melhor tentar com um experimento planejado do que com uma reação de pânico, como, por exemplo, as inundações simultâneas de várias cidades costeiras.

Se a geoengenharia for definida como uma atividade humana deliberada que altera significativamente o estado da Terra, tornamo-nos geoengenheiros logo depois que nossa espécie começou a usar fogo para cozinhar, abrir clareiras e fundir bronze e ferro. Não havia nada de "antinatural" nisso; outros organismos têm alterado imensamente a Terra desde que a vida começou há 3,5 bilhões de anos. Sem o oxigênio dos fotossintetizadores, por exemplo, não haveria fogo.

Os organismos transformam seu mundo em âmbito local por motivos de puro egoísmo: se a vantagem conferida pela "engenharia" for suficientemente favorável, ela permitirá que eles, seus descendentes e seu ambiente se expandam até serem dominantes em escala planetária. O uso do fogo como biocida para abrir clareiras em florestas naturais e substituí-las por lavouras foi nosso segundo ato de geoengenharia. O terceiro foi a indústria nos últimos duzentos anos. Juntos, tais atos levaram a nós e à Terra a evoluir até seu estado atual. A consequência disso é que a maioria de nós agora é urbana e nosso ambiente um artefato da engenharia. Durante esse longo aprendizado de engenharia alteramos a Terra, mas até bem recentemente, como os fotossintetizadores, não estávamos cientes de que o estávamos fazendo; menos cientes ainda estamos das consequências adversas.

Poderia parecer que o quarto relatório de avaliação do IPCC, redigido por mais de mil dos climatologistas mais habilitados do mundo, que trabalharam nele desde 1991, nos proporcionaria muitas das coisas que precisamos saber para atenuar a mudança climática hostil. Lamentavelmente, não proporciona, e muitos climatologistas admitiriam que suas conclusões até agora são provisórias e imprecisas. As lacunas no conhecimento sobre o estado do oceano, sobre aquela parte da superfície da Terra que é gelo, a criosfera, e mesmo sobre as nuvens e os aerossóis da atmosfera, tornam a previsão irreal. A resposta da biosfera ao clima e mudança composicional é ainda menos compreendida. Poderemos em breve precisar de geoengenharia aplicada empiricamente porque observações e medições cuidadosas mostram que, mesmo hoje, alguns aspectos da mudança climática, por exemplo, a elevação do nível do mar, estão acontecendo a uma velocidade maior que a mais sombria das previsões.

Técnicas de geoengenharia

Os métodos de geoengenharia dividem-se em três categorias principais: meios físicos de aperfeiçoamento, como a manipulação do albedo planetário (a quantidade de luz solar refletida de volta ao espaço); geoengenharia biológica, que inclui a plantação de árvores, a fertilização dos ecossistemas de algas oceânicas com ferro, a síntese direta de alimento a partir de matérias-primas inorgânicas e a produção de biocombustíveis; e, finalmente, a geoengenharia ativa ou Gaiana, que envolve o uso do ecossistema da Terra para prover de energia o processo, ou alterar a natureza do feedback climático de positivo para negativo. Em relação a essa ideia, também descreverei em linhas gerais a proposta de fertilização dos oceanos para estimular o crescimento de algas; para este fim, as águas superficiais seriam misturadas com a água rica em nutrientes situada abaixo da profundidade que separa a água quente superficial da água mais fria do fundo.

O procedimento mais comentado para alterar o equilíbrio de calor da Terra, refletindo-se a radiação solar de volta ao espaço, é a introdução de um aerossol de gotículas de ácido sulfúrico na estratosfera. Isso foi sugerido pela primeira vez pelo climatologista russo Budyko nos anos 1970 e os prós e contras foram discutidos desde então por cientistas conceituados, entre os quais Robert Dickinson, Paul Crutzen, Robert Charlson, Meinrat Andreae e Ken Caldeira. O dióxido de enxofre oxida-se rapidamente na estratosfera e o produto final é ácido sulfúrico na forma de gotículas minúsculas. Estas são suficientemente pequenas para flutuar no ar estratosférico como fumaça e levam três anos para assentar. O argumento mais forte a favor é o fato de o vulcão Pinatubo ter injetado 20 milhões de toneladas de dióxido de enxofre na estratosfera. O aquecimento global atmosférico pareceu estagnar nos três anos seguintes. Exceto pelos graves danos causados nas Filipinas quando o vulcão entrou em erupção, não parece ter havido alterações ambientais significativas o suficiente para descartar o uso de compostos de enxofre pela geoengenharia. Muitos cientistas ambientais são contrários à ideia com a justificativa de que estimularia que se mantivessem as coisas funcionando como sempre e a continuação das emissões de dióxido de carbono. Além disso, embora a temperatura do ar pudesse ficar mais baixa, o aumento do dióxido de carbono no ar continuaria a prejudicar os ecossistemas oceânicos devido à acidificação de suas águas. Concordo com essa análise, mas acho que uma atenuação dessa espécie seria considerada equivalente à diálise como um tratamento para insuficiência renal. Tem valor como um meio de ganhar tempo, para sobreviver até que surja alguma coisa melhor. Quem recusaria uma diálise se a morte fosse a alternativa? Poderíamos imaginar que os milhões de toneladas de aerossol de ácido sulfúrico contribuiriam significativamente para a acidez do oceano. Essa é a menor das nossas preocupações, porque a quantidade de ácido sulfúrico do aerossol é minúscula se comparada à acidificação pelo dióxido de carbono que, quando dissolvido no mar, existe na forma de ácido carbônico.

As propostas para a introdução de enxofre na estratosfera inspiraram algumas invenções engenhosas. A forma mais fácil seria usar uma aeronave comercial para liberá-lo durante seu voo em altitudes estratosféricas adequadas, e aviões-tanques de reabastecimento em voo de frete poderiam ser modificados para tal uso. Se 200 toneladas de enxofre pudessem ser erguidas até a estratosfera por tais aviões, 100 mil voos seriam equivalentes ao Pinatubo. Os compostos químicos que poderiam ser precursores de um aerossol de ácido sulfúrico incluem dióxido de enxofre, sulfeto de hidrogênio (ácido sulfídrico), dissulfeto de carbono ou lama de enxofre coloidal. Os três primeiros são perigosamente tóxicos para serem transportados num avião de passageiros ou insuportavelmente malcheirosos. Uma ou duas toneladas de composto de enxofre liberados pela grande maioria das aeronaves comerciais produziriam um aerossol substancial em poucos anos. Pode não ser muito importante onde ocorre a liberação. As erupções de grandes vulcões em lugares distantes como Islândia, Indonésia e América do Norte foram todas seguidas por um esfriamento notável no mundo inteiro.

Paul Crutzen e Ken Caldeira propuseram outros métodos para introdução de enxofre na estratosfera. Crutzen propôs uso de armamento militar: armas que disparassem cartuchos carregados de compostos de enxofre. Caldeira sugeriu um tubo plástico leve transportado por um balão como um conduíte para (provavelmente) ácido sulfídrico, já que este é o mais leve dos transportadores de enxofre. Se esse tratamento for prescrito, precisaremos de alguns testes geoclínicos efetivos antes que possa ser empregado. Argumenta-se que o aerossol de sulfato poderia agravar o esgotamento de ozônio pelos compostos de cloro e bromo ainda no ar. Duvido que o argumento, mesmo se verdadeiro, devesse ser usado para impedir o esfriamento por aerossol de sulfato. A degradação do ozônio, antes um grave problema global, agora perde em gravidade diante do aquecimento global e, se ocorrer, deveria ser vista como um efeito colateral de um tratamento útil nos demais aspectos.

Lowell Wood e outros propuseram o uso de um guarda-sol em órbita ao redor do Sol e em sincronia com o movimento da Terra. Há um ponto natural de estabilidade que permitiria que o guarda-sol permanecesse em posição com um gasto mínimo de energia. O guarda-sol seria um diafragma feito de uma malha fina de fibra de carbono tecida em um disco com um diâmetro de 16 quilômetros ou mais. O artefato dispersaria uma pequena porcentagem da luz solar incidente na Terra. Em princípio, poderia funcionar, mas até agora parece haver pouco interesse das agências por causa dos grandes investimentos que seriam necessários. O guarda-sol está na mesma categoria das propostas de uso da tecnologia espacial para impedir que a Terra sofresse impactos de destroços espaciais de origem natural e teria de ser gerenciado por uma grande agência nacional ou internacional.

Outra maneira de aumentar a refletividade da Terra é produzir nuvens baixas sobre os oceanos. Elas seriam os equivalentes artificiais de nuvens stratus naturais marinhas. John Latham, do Centro Nacional de Pesquisas Meteorológicas (NCAR), dos Estados Unidos, e Steven Salter foram pioneiros em projetar aparelhos simples que produzem grande número de núcleos de condensação de nuvens (NCN) pelo borrifamento de água do mar. Essa abordagem, por ter menos potenciais efeitos colaterais adversos que os aerossóis estratosféricos, deveria ser experimentada em uma escala suficiente para avaliar seu mérito.

Parece que não faltam métodos de geoengenharia para compensar o aquecimento global. Usados isoladamente, não são uma cura, já que o dióxido de carbono continuaria a aumentar e a causar danos de outras maneiras que não o aquecimento, mas poderiam ser úteis em oferecer uma suspensão da sentença enquanto um tratamento mais duradouro é desenvolvido.

Sequestro de dióxido de carbono

A divisão seguinte de projetos de geoengenharia se baseia nos meios de remoção de dióxido de carbono, seja dos efluentes das centrais energéticas e outros grandes emissores, seja diretamente do ar. Muitas pesquisas estão sendo realizadas, principalmente por companhias de energia, com o objetivo de produzir um procedimento econômico para remover o dióxido de carbono dos efluentes de fornalha e, até agora, parece promissor, mas provavelmente dobraria o custo da eletricidade produzida da maneira limpa; o desenvolvimento da engenharia e as economias de escala têm uma chance razoável de reduzir esse encargo. Após sequestrar o dióxido de carbono, não é nem um pouco fácil se desfazer dele. Como podemos enterrar todo o dióxido de carbono emitido pelas grandes companhias energéticas? As emissões somam cerca de 30 gigatoneladas por ano e os grandes produtores emitem menos de um terço desse total, digamos 10 gigatoneladas; se 10 gigatoneladas fossem sequestradas, isso iria, na melhor das hipóteses, apenas desacelerar o aquecimento global a longo prazo. Para reduzir proveitosamente o estresse do aquecimento global, a maior parte do dióxido de carbono excedente teria de ser removida do ciclo de carbono, e isso nunca poderia ser feito apenas pela coleta de grandes fontes industriais. O outro problema difícil é a destinação de gigatoneladas de dióxido de carbono coletadas dessa forma. Enterrá-las em reservatórios usados de petróleo e gás é uma saída possível, e tem sido tentada na Noruega. Teremos de esperar para ver quão bem e quão economicamente isso pode ser feito. Enterrar grandes quantidades de dióxido de carbono em reservatórios subterrâneos tem um risco particular. Como o gás é mais denso que o ar, qualquer escape grande iria se acumular na superfície e asfixiaria qualquer pessoa que lá estivesse. Um evento desse tipo foi causado por uma ocorrência natural na África, quando dióxido de carbono sob pressão em um lago vulcânico se esparramou pelos vilarejos ao longo de um vale: o número de mortes foi grande.

A mais fascinante entre as ideias para remoção do dióxido de carbono é a proposta de Klaus Lackner de árvores artificiais. Em essência, envolve o uso de rocha ou solo prontamente disponível para reagir diretamente, seja química ou bioquimicamente, com o dióxido de carbono atmosférico e ter como produto um material facilmente descartável ou, ainda melhor, utilizável. Um exemplo seria serpentina moída, uma rocha ígnea relativamente comum que pode ser formada por até 50% de óxido de magnésio. O produto, carbonato de magnésio, é um pó branco estável e poderia ser utilizado em material para construção ou como um componente de cimento. Uma descrição clara das ideias de Lackner está em *Fixing Climate* [Consertando o clima], de Wally Broecker, escrito com Robert Kunzig.

Plantar árvores pareceria um meio sensato de remover dióxido de carbono naturalmente do ar, pelo menos considerando o tempo que leva para a árvore atingir a maturidade. Mas, na prática, a derrubada de florestas para lavoura e biocombustíveis está agora acontecendo com tal rapidez que são poucas as chances de a plantação de árvores conseguir acompanhar o ritmo. A derrubada de uma floresta tem consequências climáticas diretas porque provoca a mudança do ciclo da água e do albedo atmosférico, sendo também responsável por parte considerável das emissões de dióxido de carbono. A agricultura tem efeitos climáticos comparáveis àqueles causados pela queima de combustível fóssil. Por esse motivo, pareceria melhor pagar os habitantes das regiões florestais para preservar suas árvores do que plantar novas árvores em clareiras. O grupo Cool Earth existe para levantar fundos com esse objetivo, como também o Prince's Forest Trust do Reino Unido. São bem poucos os que percebem que um ecossistema é uma entidade evoluída que abrange grande variedade de espécies, desde os micro-organismos, nematoides e invertebrados até as pequenas e grandes plantas e animais. Embora os ecossistemas naturais tenham a capacidade de evoluir com a mudança climática, as plantações podem morrer facilmente.

Os oceanos cobrem mais de 70% da superfície da Terra e são inabitados. Além disso, a maior parte das águas oceânicas superficiais transporta apenas uma esparsa população de organismos fotossintéticos, principalmente porque os sais minerais e outros nutrientes na água mais fria abaixo do termoclino (o limite inferior das águas superficiais quentes) não se misturam prontamente com a camada superficial. Alguns nutrientes essenciais, como ferro, existem em níveis abaixo dos ideais, mesmo quando outros nutrientes estão presentes. Isso levou John Martin a sugerir que a fertilização com um traço nutricional de ferro permitiria um florescimento vigoroso das algas, que esfriaria a Terra pela remoção do dióxido de carbono. A pesquisa mais recente sugere que a abordagem pode ser promissora, apesar das decepções iniciais.

Em 2007, Chris Rapley e eu sugerimos o uso de um sistema de grandes tubos mantidos verticalmente na superfície oceânica para puxar para cima a água mais fria, rica em nutrientes, situada logo abaixo do termoclino. A intenção era esfriar a superfície diretamente, para estimular a proliferação de algas que serviriam para bombear para baixo o dióxido de carbono e também emitir gases como o sulfeto de dimetila, aminas voláteis e isopreno, que estimulam a formação de nuvens e aerossóis. Os tubos que imaginamos teriam cerca de 100 metros de comprimento e 10 metros de diâmetro, mantidos verticalmente nas águas superficiais e equipados com uma válvula unidirecional. Ondas superficiais de uma altura média de 1 metro misturariam 5 toneladas de água mais fria por segundo.

Nosso intuito era estimular o interesse e a discussão sobre técnicas fisiológicas que usariam a energia e recursos nutrientes do sistema Terra para reverter o aquecimento global. De fato, não sabemos se o esquema proposto ajudaria a restaurar o clima, mas descobrimos que tais tubos já estão sendo empregados comercialmente para melhorar a qualidade dos pastos oceânicos para pesca. A reação da comunidade científica foi uma rejeição quase instantânea sob o pretexto de que seu uso liberaria dióxido de carbono das águas mais profundas para a atmosfera. Estamos cientes desse inconveniente, mas achamos razoável esperar que o crescimento das algas que se seguiria à mistura pudesse captar mais dióxido de carbono que o liberado. O passo seguinte seria o emprego experimental dos tubos, observações e quantificações.

Se qualquer um desses projetos de fertilização do oceano funcionasse, então, para ampliar seu valor, poderíamos colher as algas, extrair o alimento e o combustível e, então, enterrar o resíduo no oceano profundo na forma de pequenos agregados mais pesados que a água. Isso removeria uma proporção considerável do carbono fotossintetizado e a colocaria como resíduo insolúvel no assoalho oceânico. A temperatura do oceano profundo se aproxima de 4°C e o tempo de residência da água lá é de pelo menos mil anos. O carbono enterrado estaria efetivamente fora de circulação. Poderia ser possível também enterrar resíduos de agricultura em terra firme nesses locais oceânicos profundos.

A PROMESSA DO ENTERRO DO CARBONO ELEMENTAR

De longe, a forma mais promissora e prática de tirar o excedente de dióxido de carbono do ar é pedir a Gaia que o faça por nós. Todos os projetos de sequestro de dióxido de carbono exigem que utilizemos energia (sendo bem provável que seria energia de combustível fóssil) para fazê-lo. Mesmo a soma total de toda a nossa produção poluente de dióxido de carbono é ainda pequena em comparação com a taxa de renovação da Terra. Emitimos 30 gigatoneladas por ano, mas Gaia emite 550 gigatoneladas; portanto, se Gaia é capaz de equilibrar essa quantidade gigantesca, não poderíamos convencê-la a fazer melhor? Acho que podemos, promovendo uma pequena alteração no ciclo do carbono. Normalmente, 99,9% do carbono que os fotossintetizadores extraem do ar são devolvidos pelos consumidores que o oxidam de volta a dióxido de carbono ou convertem-no em metano. A referência mais antiga que consegui encontrar sobre enterrar o carbono elementar como remédio para o aquecimento global foi feita por Johannes Lehmann em um artigo na *Nature*, em 2007. A ideia de converter resíduo agrícola em "carbonizado" (material carbonizado é bem semelhante ao carvão, mas precisa de um termo diferente para distingui-lo, por não ser um combustível) é atualmente objeto de pesquisa e desenvolvimento. A conversão de resíduo agrícola em material carbonizado em um só golpe altera a liberação natural de 99,9% do carbono do rejeito como dióxido de carbono e metano para a liberação de apenas 10% a 30%, uma grande melhora sobre seu uso direto como fonte de biocombustível.

Se o grosso do resíduo agrícola fosse transformado em material carbonizado nas fazendas, seria possível enterrá-lo no solo e, assim, as plantas cultivadas que fazem fotossíntese com energia solar teriam retirado o dióxido de carbono do ar por nós. É muito mais econômico usar o poder enorme e gratuito da fotossíntese para remover o dióxido de carbono que usar energia manufaturada. Poderia até ser possível converter resíduos de fazendas de algas do oceano em material carbonizado, e deixar que caíssem até o assoalho oceânico. Estaríamos negando aos consumidores naturais das algas seu alimento, mas, a longo prazo, eles se beneficiariam porque, se for permitido que o aquecimento global prossiga como agora, sobrarão poucos novos produtores ou consumidores nos oceanos.

Não faz parte do senso comum o conhecimento de que o material carbonizado é quase inteiramente inerte. Nem a oxidação atmosférica nem a ação de micro-organismos o devolvem ao ar na forma de dióxido de carbono. Isso torna seguro seu enterro no solo ou no oceano. Até agora, é a única proposta realista que nos oferece uma única chance de devolver a Terra ao estado em que estava antes que tivéssemos começado a usar combustível fóssil. E vem até com um bônus, já que o ato de produzir carvão fornece uma espécie benigna de biocombustível como um subproduto. Pooran Desai e *Sir* Ghillean Prance chamaram minha atenção para essa ideia promissora e tenho uma dívida com David Wayne, que me deixou ver o texto não publicado do seu artigo sobre "The Biochar Opportunity" [A oportunidade do biomaterial carbonizado]. Uma pesquisa de desenvolvimento prático e de engenharia encontra-se em progresso na Shell Research Ltd.

Outra técnica de melhora é a síntese direta de alimentos a partir de dióxido de carbono, nitrogênio e oligominerais. No momento atual, em que a comida é abundante, parece uma proposta supérflua, mas liberaria terra que poderia voltar ao estado natural anterior com a capacidade de regular o clima.

Embora não seja comum pensá-la como uma alternativa de geoengenharia, a síntese de alimentos e combustíveis líquidos a partir de dióxido de carbono e água, empregando reatores nucleares de alta temperatura para a produção de ração à base de carbono, é uma maneira efetiva de remover dióxido de carbono do ar.

Geofisiologia

Nos Capítulos 2 e 6 comparo o sistema Terra com a fisiologia de um animal e descrevo como este normalmente permanece em homeostasia e como o sistema Terra é dinamicamente estável, mas tem feedbacks vigorosos; por causa da enorme taxa de remoção da superfície da Terra pelos organismos, sua resposta a mudanças é como a de um organismo vivo. Mesmo modelos inteiramente físicos do sistema Terra são não lineares, frequentemente porque as propriedades da água determinam pontos críticos durante o aquecimento e o esfriamento. Por exemplo, a mudança de fase de gelo para água é acompanhada por uma mudança de albedo de 0,8 para 0,2, e isso afeta fortemente o clima, como descrito pela primeira vez por Budyko. Tal feedback está agora influenciando a mudança climática e continuará até que o gelo derreta. Existem outros componentes puramente físicos no sistema: a superfície oceânica se estratifica em 12-14°C a taxa de evaporação da água das superfícies terrestres se torna um problema para as plantas em temperaturas acima de 22-25°C e a umidade atmosférica relativa tem grande efeito direto sobre o tamanho e o albedo efetivo dos aerossóis. O efeito combinado de feedbacks que envolvem as respostas físicas e biológicas da Terra pode ser a fonte das grandes descontinuidades no clima e na composição química. A existência dessas descontinuidades é, muitas vezes, acompanhada por acentuada histerese — isto é, uma relutância em mudar de um estado ao outro mesmo quando pressionado além de um ponto de ruptura.

Descrevi no Capítulo 2 o modelo de um planeta com uma superfície terrestre ocupada por plantas e o oceano sendo um habitat das algas — um modelo que demonstrou forte autorregulação de temperatura. Mas, com a elevação de dióxido de carbono ou fluxo de calor, houve um aumento de 5°C que ocorreu em 450ppm de dióxido de carbono; houve uma histerese marcante e a redução da temperatura ou do fluxo de calor não restaurou imediatamente o estado que tinha existido antes da descontinuidade. O comportamento desse modelo geofisiológico simples e a história climática recente da Terra revelada por análise de testemunho de gelo indicam um clima e uma composição atmosférica que flutuam subitamente, como seria de esperar de um sistema dinâmico com feedbacks positivos. Um engenheiro ou fisiologista estudando a resposta histórica do sistema Terra acharia insensato pressupor que a mudança climática pode ser simplesmente revertida pela redução de emissões ou por geoengenharia.

A longa história da Terra sugere a existência de estados quentes e frios estáveis aos quais os geólogos se referem como *greenhouses* ("estufas") e *ice-houses* ("câmaras geladas"). Entre um e outro existem períodos metaestáveis, como o nosso presente interglacial. A sauna mais conhecida aconteceu há 55 milhões de anos, perto do início do período conhecido pelos geólogos como Eoceno. Foi assim chamado porque marcou a aurora ("*eos*") dos grandes mamíferos. O Eoceno já era aquecido segundo os padrões atuais e um acidente geológico causou a liberação de 1 a 2 teratoneladas de dióxido de carbono no ar (1 teratonelada é 1 milhão de milhões de toneladas). O lançamento dessa quantidade de dióxido de carbono no ar levou a um aumento de 8°C na temperatura das regiões temperadas e árticas, e de 5° a 8°C nos trópicos, e foram precisos cerca de 200 mil anos para que as condições retornassem aos seus estados anteriores. Em breve, teremos injetado uma quantidade comparável de dióxido de carbono na atmosfera, e a própria Terra poderá novamente liberar o mesmo tanto.

Há evidências de que a temperatura e o dióxido de carbono subiram abruptamente no evento do Eoceno, mas a causa continua incerta. As duas especulações mais bem fundamentadas são, primeiro, a súbita liberação de um grande volume de metano de sua armadilha instável em cristais chamados "clatratos": o próprio metano é um poderoso gás de efeito estufa, mas logo se oxida a dióxido de carbono. A segunda especulação tem a ver com a incursão de lava derretida debaixo de um depósito de petróleo no oceano Ártico. Acredita-se que o acidente que causou o grande aumento do dióxido de carbono atmosférico há 55 milhões de anos tenha ocorrido mais lentamente que agora: a injeção de compostos gasosos de carbono na atmosfera pode ter ocorrido durante um período de aproximadamente 10 mil anos, e não cerca de 200 anos. A enorme rapidez com que acrescentamos gases de carbono no ar pode ser tão nociva quanto a quantidade deles. A velocidade da poluição dá ao sistema Terra pouco tempo para se ajustar, e isto é particularmente importante para os ecossistemas oceânicos:

a rápida acumulação de dióxido de carbono nas águas superficiais está tornando-as ácidas demais para os organismos formadores de conchas. Não parece que isso tenha acontecido durante o evento do Eoceno, talvez por ter havido tempo para que as águas profundas mais alcalinas se misturassem e neutralizassem o oceano superficial. Apesar da grande diferença nos tempos de injeção de dióxido de carbono, a mudança na temperatura de cerca de 5°C globalmente pode ter ocorrido há 55 milhões de anos com a mesma rapidez que aquela que poderá ocorrer em breve. É provável que o tempo necessário para a mudança entre dois estados de sistema seja definido pelas propriedades do sistema mais que pela velocidade de adição de calor radiante ou dióxido de carbono.

Existem diferenças entre a Terra de 55 milhões de anos atrás e a de agora. O Sol era 0,5% mais frio e não havia agricultura em lugar algum; portanto, a vegetação natural era livre para regular o clima. Outra diferença era que o mundo não estava passando por um obscurecimento global — o resfriamento global de 2 a 3 graus causado pelo aerossol atmosférico da poluição produzida pelo homem.

Medicina planetária e ética

Quais os riscos da intervenção da geoengenharia para a saúde planetária? É improvável que qualquer coisa que façamos esterilize a Terra, mas as consequências da intervenção em escala planetária poderiam afetar enormemente os seres humanos. Os supostos geoengenheiros estão numa situação semelhante à dos médicos antes dos anos 1940. Em seu livro *The Youngest Profession* [A mais jovem profissão], o médico Lewis Thomas descreve muito bem a prática da medicina antes da Segunda Guerra Mundial. Havia apenas cinco remédios efetivos à disposição: morfina para dor, quinina para malária, insulina para diabetes, digitálico para doenças do coração e aspirina para inflamação, e muito pouco se conhecia sobre seus modos de ação. Para praticamente todos os outros males não havia nada disponível, exceto poções e palavras reconfortantes. Naquela época, apesar da existência de uma bem fundamentada ciência da fisiologia, ainda éramos ignorantes sobre o corpo humano ou as relações hospedeiro-parasita com outros organismos. Médicos sensatos sabiam que deixar a natureza seguir o curso sem intervenção muitas vezes permitia que a autorregulação natural realizasse a cura. Quando isso acontecia, eles não eram contrários a reclamar crédito pela habilidade deles. Acho que o mesmo pode ser verdadeiro com a medicina planetária: nossa ignorância sobre o sistema Terra é colossal e intensificada pela nossa tendência de favorecer simulações de modelo em detrimento de experimentos, observação e quantificação.

O aquecimento global não teria acontecido não fosse a rápida expansão em números e riqueza da humanidade; se não impedirmos o aquecimento global, o planeta poderá nos sacrificar maciça e impiedosamente, da mesma maneira cruel com que eliminamos tantas espécies ao transformarmos seu ambiente em outro, onde a sobrevivência é difícil. Porém, antes de começarmos a geoengenharia é preciso perguntar: temos talento suficiente para assumir aquilo que poderá se tornar a onerosa e permanente tarefa de manter a Terra em homeostasia? Consideremos o que poderia acontecer se começássemos a usar um aerossol estratosférico para atenuar o aquecimento global — mesmo se bem-sucedido, não demoraria muito até que enfrentássemos o problema adicional da acidificação do oceano. Isso exigiria outro remédio, e assim sucessivamente. Poderíamos nos descobrir escravizados em um mundo kafkiano do qual não haveria como escapar. A alternativa é a aceitação do sacrifício natural maciço da humanidade e a volta a uma Terra que se regula livremente.

É improvável que o que quer que façamos como geoengenheiros detenha a perigosa mudança climática ou evite a morte em uma escala que torna pequenas todas as guerras, as fomes e os desastres do passado; mas continuar com "as coisas funcionando da maneira habitual" poderia ser pior e provavelmente mataria a maioria de nós durante o século. Devemos considerar seriamente que, assim como com a medicina do século XIX, a melhor alternativa poderá ser usar palavras gentis e analgésicos, mas não fazer mais nada e deixar que a Natureza siga seu curso.

A resposta comum para um realismo tão amargo é o derrotismo: "Então, não há nenhuma esperança para nós e não há nada que possamos fazer para evitar nossa dolorosa situação?" Tal reação está longe da verdade. Podemos nos adaptar à mudança climática e isso nos permitiria fazer o melhor uso possível das áreas de refúgio do mundo que venham a escapar do pior calor e da seca. Em breve, precisaremos combinar nossos recursos e se uma forma segura de geoengenharia puder nos comprar um pouco de tempo, então deveríamos usá-la. Partes do mundo, como as ilhas oceânicas, a bacia ártica e os oásis nos continentes, ainda serão habitáveis em um mundo quente. Precisamos habitá-las e verificar se têm fontes suficientes de alimento e energia para nos sustentar como espécie.

Durante o aquecimento global do início do Eoceno, não houve uma grande extinção de espécies. Uma explicação possível é que a vida teve tempo para migrar para as regiões mais frias perto do Ártico e da Antártida e lá permanecer até que o planeta tivesse voltado a esfriar. Isso poderá acontecer de novo e os seres humanos, animais e plantas já estão em migração. A Escandinávia e as partes oceânicas do norte da Europa, como as Ilhas Britânicas, poderão ser poupadas do pior calor e da seca que o aquecimento global trouxer. Isso coloca em nossos ombros uma responsabilidade especial de sobreviver, mas também, onde for possível, oferecer abrigo aos refugiados climáticos de lugares mais distantes.

Talvez o maior valor do conceito de Gaia esteja na sua metáfora da Terra viva, que nos faz lembrar que somos parte dela e que nosso contrato com Gaia não tem relação apenas com os direitos humanos, mas inclui também os deveres humanos.

6
A história da Teoria de Gaia

A ideia de uma ciência do sistema Terra, uma Terra autorreguladora com a comunidade de organismos vivos no controle, entrou em minha mente no Laboratório de Propulsão a Jato da Califórnia, em setembro de 1965. O primeiro artigo a mencioná-la foi publicado no periódico *Proceedings of the American Astronautical Society*, em 1968. O título do artigo era "Planetary Atmospheres: Compositional and other changes associated with the presence of Life" [Atmosferas planetárias: alterações na composição e outras mudanças associadas à presença de vida]. Foi um artigo que passou praticamente despercebido e se dedicava principalmente à análise atmosférica como um experimento de detecção de vida extraterrestre. Mas aqui estão os dois parágrafos do artigo que ilustram como nasceu a hipótese de Gaia, antes de ela ter recebido esse nome:

> Se a atmosfera da Terra é uma agregação biológica, então é razoável considerar que seus componentes são mantidos em uma composi-

ção ideal ou próxima do ideal para o ecossistema. Por exemplo, o clima da Terra é fortemente dependente da pressão atmosférica, isto é, a quantidade total de oxigênio e nitrogênio, e da concentração dos gases de absorvância na faixa do infravermelho, como o dióxido de carbono e o vapor d'água. A concentração desses componentes está direta ou indiretamente sob o controle biológico. Portanto, pode não ser uma especulação irracional considerar a possibilidade de que o clima da Terra também seja mantido próximo de um ideal para o ecossistema.

É interessante perguntar: por que a concentração do oxigênio é mantida em 21%? É um fato que a energia necessária para a ignição de compostos orgânicos muda em cerca de 70% a cada mudança de 1% na concentração de oxigênio no nível atmosférico. Vida, mesmo a 25% de oxigênio, poderia ser bem incômoda, especialmente para as árvores. A remoção de oxigênio pela relva ou incêndios florestais pode definir o limite superior de 21%, mas parece mais provável que o oxigênio seja ativamente controlado em um máximo seguro.

Assim, o conceito Gaia nasceu no auge da New Age (ou Nova Era) — contemporâneo de Woodstock e dos Beatles, o que talvez explique por que tantos cientistas ainda o consideram parte do excesso de disparates New Age que estavam em voga na época. Mas nem todos nós éramos hippies com nossas garotas roqueiras. Havia o programa espacial que culminou nos pousos na Lua, uma grande onda de exploração espacial com os satélites em órbita e a descoberta do DNA e do código genético. Os anos 1960 testemunharam o confronto quase catastrófico entre as superpotências em torno dos mísseis instalados em Cuba e do fim da segregação racial nos Estados Unidos e uma mudança política bem violenta; foi uma época de conflito doloroso entre a velha e a nova concepção de mundo.

Deixando de lado a coincidência de seu nascimento com a New Age, a ciência de Gaia foi uma ideia extrema e demasiadamente revolucionária para ser aceita de imediato, e eu não deveria ter esperado que o fosse antes que uma quantidade substancial de evidências e teoria tivesse sido reunida; de fato, foi apenas 36 anos depois, em 2001, que o conceito recebeu um reconhecimento público parcial. Nos anos 1990, fiquei tentado a admitir a derrota e chegar a um acordo a favor de alguma frase anódina como "ciência do sistema Terra" ou uma ciência com um nome composto por justaposição de vocábulos, como biogeoquímica. Mas, como tão bem descreve Fred Pearce num artigo da *New Scientist* em 1994, dei ouvidos aos meus amigos Jonathon Porritt, Mae Wan Ho e Mary Midgley. Poderia ter acalmado os "cientificamente corretos" se eu tivesse desistido de Gaia, mas teria sido uma rendição a uma submissão que eu sabia errada. Estou contente de ter permanecido fiel ao nome Gaia por mais de 43 anos. Talvez, se eu nunca tivesse conhecido Bill Golding e se houvesse deixado que minhas ideias recebessem a denominação obtusa e insípida de "hipótese do sistema Terra", o nome sugerido em meu artigo de 1968, os biólogos nunca tivessem lido os artigos subsequentes que tanto os irritaram. A ciência poderia então ter conhecido até trinta anos antes a verdadeira natureza da ameaça climática que ora enfrentamos e tivesse tempo de tomar a devida providência.

Em ciência, uma ideia é promovida ao nível de uma hipótese quando é necessário explicar algum aspecto das evidências novas e confiáveis. Para a teoria de Gaia, a nova evidência foi a análise detalhada da composição das atmosferas de Marte e Vênus revelada pelo espectro infravermelho dos planetas coletado no observatório Pic de Midi, da França, pelo casal de astrônomos Pierre e Janine Connes. Os Connes divulgaram a informação em setembro de 1965 e nós a recebemos no Laboratório de Propulsão a Jato da Califórnia. Antes disso, eu tinha argumentado que a maneira mais fácil de verificar se Marte tinha vida era simplesmente medir a composição química de sua atmosfera. Meu argumento era que, se o planeta não tivesse vida, então a atmosfera estaria próxima do equilíbrio químico; ou seja, nenhuma energia proviria dos gases da atmosfera reagindo uns com os outros. Por outro lado, se houvesse vida no planeta, então os organismos seriam obrigados a usar a atmosfera, o único meio móvel em Marte, como fonte de matérias-primas e como lugar para o descarte dos resíduos. Tal uso da atmosfera a tornaria reconhecivelmente diferente da atmosfera em equilíbrio de um planeta morto. Os dados espectroscópicos reunidos pelos Connes sobre Marte e Vênus mostraram que suas atmosferas eram quase inteiramente compostas de dióxido de carbono, e que oxigênio, nitrogênio etc. estavam presentes em níveis baixos. Essas atmosferas planetárias não apresentavam nenhuma reatividade química, estando, portanto, perto do equilíbrio químico e, de acordo com minha hipótese, não haveria vida abundante nelas.

A Terra era o planeta de referência, aquele que tínhamos certeza que sustentava vida e cuja atmosfera encontra-se em profundo desequilíbrio. Temos oxigênio e metano simultaneamente presentes em 21% de volume e 1,5 parte por milhão respectivamente. Na presença de luz solar, o metano se oxida e depois de apenas cerca de dez anos 67% dele acabam. Ainda assim, o metano tem sido razoavelmente constante, como provam as análises do testemunho de gelo, durante os últimos milhões de anos, exatamente como o oxigênio. Tal constância implica um grau de desequilíbrio com uma improbabilidade astronômica. Ou seja, é infinitamente improvável que tal constância aconteça por mero acaso. Improbabilidades semelhantes se aplicam à presença de outros gases — nitrogênio, dióxido de carbono, óxido nitroso etc. As únicas exceções são os gases raros como argônio, hélio e xenônio, que são quimicamente não reativos. Já que todos os outros gases, salvo os gases raros, são produzidos por organismos ou processados por eles, eu poderia oferecer a hipótese de Gaia, que afirmava que a composição atmosférica da Terra é mantida em um estado dinamicamente estável pela presença da vida; além disso, se organismos pudessem afetar a composição atmosférica, então talvez pudessem regular o clima da Terra para mantê-la favorável à vida. Sabia-se nos anos 1960 que o Sol tinha se aquecido em pelo menos 25% desde que a vida começou, há 3,5 bilhões de anos, e a regulação teria sido necessária para reter a habitabilidade. A hipótese foi publicada em artigos com revisão interpares em fins dos anos 1960 e início dos 1970.

No início dos anos 1970, fui convidado a visitar Lynn Margulis em seu laboratório em Boston. Lynn estava familiarizada com a polêmica e fez um grande esforço para estabelecer a hipótese endossimbionte — agora felizmente um senso comum, mas que na sua época parecia tão contestada quanto foi a hipótese de Gaia. Em certo sentido, formamos uma pequena célula revolucionária em um mundo de conservadores cientistas da Terra e da vida. Lynn deu enorme contribuição ao conceito de Gaia ao destacar a importância dos micro-organismos na evolução do nosso planeta. Ela deixou claro que durante cerca de 2 ou 3 bilhões de anos, a partir do início, a biota — isto é, todas as formas de vida na Terra — eram micro-organismos. Somente nos últimos 500 a 900 milhões de anos os organismos multicelulares começaram a ter importância. Sem Lynn eu nunca teria conhecido aqueles fantásticos geocientistas, que se opunham ao que era então a hipótese de Gaia, H. D. Holland, professor de geologia da Universidade Harvard, e James Walker, então na Universidade Yale. Ambos rejeitavam Gaia, mas, como bons cientistas, estavam preparados para discutir a respeito. Como costuma acontecer frequentemente com as batalhas, depois de terminada a guerra, os combatentes gostam de compartilhar experiências e, nessa prática, Dick Holland tornou-se um amigo que aceita as diferenças, enriquecendo generosamente os encontros que Sandy e eu temos organizado na Green College, em Oxford. A principal crítica de Holland, expressa no seu esplêndido livro *The Chemical Evolution of Atmosphere and Oceans* [A evolução química da atmosfera e dos oceanos], é simplesmente que Gaia não é necessária para explicar a geoquímica da Terra — basta a geociência, a ciência da Terra.

James Walker, Jim Kasting e P. B. Hayes foram os primeiros a propor um mecanismo para estabilizar a temperatura e a abundância de dióxido de carbono da Terra, no início dos anos 1980, mas, assim como Holland, eles defenderam que a regulação poderia ser explicada unicamente pela geoquímica. Eles usaram o fato bem conhecido de que existe uma única fonte de dióxido de carbono — vulcões e processos tectônicos — e um único sumidouro — a remoção de dióxido de carbono do ar por meio de reação, quando dissolvido na água da chuva, com rocha que contém silicato de cálcio (basaltos e granitos). Os produtos dessa reação são os compostos hidrossolúveis bicarbonato de cálcio e ácido silícico, que se deslocam nos lençóis freáticos e nos rios até os oceanos. Eles explicaram a regulação observando que, quando a temperatura é alta, mais água do oceano irá evaporar e mais chuva cairá, o que aumentará a velocidade da reação de intemperismo e, assim, reduzirá a abundância de dióxido de carbono no ar. É um processo dinâmico cujo feedback negativo inerente poderia estabilizar tanto o dióxido de carbono quanto a temperatura. Eles estavam, portanto, propondo que uma Terra sem vida poderia regular sua temperatura em níveis habitáveis para os organismos.

A primeira vez em que ouvi Walker descrever o mecanismo em uma Conferência de Dahlem, em Berlim, no início da década de 1980, ele, sem dúvida, me pareceu plausível. Mais tarde, numa conversa, Walker disse que sua motivação era principalmente mostrar que Gaia não era necessária para a autorregulação e que a geoquímica poderia fazê-lo sozinha. Na época, Andrew Watson, hoje professor de biogeoquímica na Universidade de East Anglia, estava trabalhando comigo como aluno de pós-graduação e nos ocorreu que na vida real as rochas sempre têm líquens e outros organismos em suas superfícies e, mais importante, o solo onde os fragmentos de rochas existem é um rico ecossistema por si só e tem uma atmosfera interna até trinta vezes mais rica que o ar em dióxido de carbono. A taxa de intemperismo nessas circunstâncias poderia ser muito maior que sobre a rocha nua exposta. Tyler Yolk e D. W. Schwartzman publicaram um artigo na *Nature* em 1989 que confirmou nossa especulação por um experimento *in vitro* direto. Os organismos de um ecossistema reagem a uma elevação da temperatura com um crescimento mais rápido; as plantas extraem dióxido de carbono do ar e, no solo, mais dióxido de carbono é produzido pelos consumidores. O fluxo de dióxido de carbono do ar para as rochas é intensificado e o intemperismo segue com maior rapidez; consequentemente, o dióxido de carbono produzido, em vez de ser adicionado à atmosfera, é removido por intemperismo. A remoção do dióxido de carbono do ar diminui a temperatura e o sistema se acomoda em um equilíbrio dinâmico próximo do ideal para o crescimento vegetal. Os organismos são também cruciais nos oceanos para devolver o dióxido de carbono levado aos rios como bicarbonato de cálcio na forma de carbonato de cálcio, que se assenta como sedimento no assoalho oceânico. O processo inteiro, que poderíamos chamar de intemperismo biogeoquímico, é um mecanismo Gaiano e parece bem mais provável como base da regulação da temperatura no mundo real. Mas temos uma dívida com Walker e seus colegas por nos apontar a direção certa.

A prova de que a Terra autorregula a abundância do dióxido de carbono e a temperatura precisou esperar até 2008, quando os cientistas americanos Richard Zeebe e Ken Caldeira publicaram um artigo na *Nature Geosciences* mostrando que o registro de longo prazo da temperatura e da abundância de dióxido de carbono da Terra, deduzidas das medições de gases em testemunhos de gelo antártico, revelou autorregulação tanto do dióxido de carbono quanto da temperatura por centenas de milhares de anos. Tal evidência, se confirmada, oferece excelente apoio à teoria de Gaia, mas os autores se referiram apenas ao modelo puramente geoquímico de Walker como o mecanismo para a regulação.

Não há animosidade envolvida nas discussões que tenho com os geocientistas americanos sobre a regulação da Terra ser ou não uma questão da teoria de Gaia ou geoquímica. No belo livro *The Earth System* [O sistema Terra], escrito por Lee Kump, James Kasting e Robert Crane, os autores revelam nossas relações amistosas. O motivo da discórdia está na natureza frequentemente reducionista e disciplinar das ciências da Terra e da vida. Isso dificulta compartilhar ideias sobre Gaia. Na minha ótica, entender Gaia exige uma familiaridade instintiva com a dinâmica dos sistemas em ação, e isso não é uma parte normal da ciência da Terra ou da vida.

A geologia pode ser uma profissão prazerosa, especialmente se gostarmos de explorar e gastar tempo na selva. Algumas das jornadas mais fascinantes que fiz na região rural foram na companhia do geólogo americano Robert Garrels. Com o martelo, ele lascaria um pequeno fragmento da aresta de um penhasco e revelaria sua procedência e então me contaria como há algumas centenas de milhões de anos havia um mundo de calor escaldante e nuvens de areia no local onde estávamos, ou de tundra à borda de uma vasta geleira. Para os geocientistas, o mundo era satisfatório até que Gaia assomou para refutar ou complicar suas explicações elegantes. Isso também vale para os biólogos de campo; não admira que Gaia seja impopular. Não fossem pelas sérias consequências mortais do uso da teoria errada, a polêmica não seria mais que o progresso lento natural do conhecimento científico.

É normal debater uma nova hipótese — o que então deu errado? Por que a hipótese de Gaia foi jogada na lata de lixo? O problema começou em 1979, quando o biólogo canadense Ford Doolittle escreveu sua vívida e bem redigida crítica de Gaia. Curiosamente, ele optou por publicar na revista americana New Age *Coevolution Quarterly*, editada por Stewart Brand. Cientistas podem fingir que deploram a New Age, mas isso não os impede de ler suas publicações e não demorou nada para que a face de Gaia fosse colocada contra a parede, especialmente na comunidade neodarwinista de cientistas. Nem Lynn Margulis nem eu conseguimos fazer uma defesa convincente — em parte porque, como tínhamos declarado, a hipótese de Gaia estava errada. Disséramos que os organismos, ou a biosfera, regulavam o clima e a composição da Terra. Um pouco depois, no livro *The Extended Phenotype* [O fenótipo estendido], Richard Dawkins mostrou que isso era impossível. Ele o disse tão bem e com tal clareza que o assunto foi dado como encerrado pela comunidade científica. Richard Dawkins é um autor extraordinariamente talentoso e persuasivo e, no livro, deu vazão ao seu desdém pela hipótese de Gaia, com a poderosa erudição que ele ora utiliza para censurar a teologia. Desde então, tornou-se impossível publicar qualquer artigo sobre o assunto em um periódico de primeira linha; os colegas revisores foram convencidos por Dawkins e outros biólogos eminentes que Gaia era mera fantasia New Age. Fiquei chocado com as rejeições porque, antes disso, achava os colegas revisores úteis e raramente tive um artigo rejeitado por um periódico. Nos anos 1980, pareceu quase tão ruim quanto a censura até que o editor da *Nature*, John Maddox, soube que durante sua ausência o artigo que Andrew Watson e eu tínhamos escrito sobre o modelo Mundo das Margaridas (*Daisyworld*) tinha sido rejeitado. Ele me escreveu pedindo que enviasse o artigo seguinte sobre um tópico Gaiano pessoalmente a ele e em segredo. Ele prometeu que, se fosse da qualidade do artigo Mundo das Margaridas, seria publicado na *Nature*. Ele cumpriu a palavra e o artigo seguinte sobre o tema foi um que escrevi com Robert Charlson, Meinrat Andreae e Steven Warren sobre a conexão entre nuvens, núcleos de condensação, sulfeto de dimetila e sua fonte, algas oceânicas.

Aceitei as críticas de Dawkins de que não havia nenhuma maneira de a vida ou a biosfera regular qualquer coisa além do fenótipo constituinte de seus organismos individuais. O que, então, estaria fazendo a regulação na Terra? Eu não tinha a menor dúvida de que clima e química eram regulados; portanto, o que ou quem o fazia senão a vida? Como expliquei antes, os geocientistas tradicionais, liderados por James Walker e H. D. Holland, tinham certeza de que a regulação era feita apenas pela geoquímica e geofísica e que a vida era um mero passageiro ou, no máximo, um colaborador. Mas evidências sólidas de enorme desequilíbrio da composição atmosférica tornaram impossível a explicação simplista deles. A termodinâmica e a cinética das reações gasosas tornam a presença simultânea de oxigênio e metano na abundância observada, a existência de óxido nitroso e a baixa concentração de dióxido de carbono inteiramente inexplicáveis apenas pelos processos inorgânicos.

Eu tinha certeza quase absoluta, tanto quanto um cientista pode ter, de que o argumento a favor da existência de autorregulação extraída do desequilíbrio atmosférico estava correto; além disso, a essa altura havia evidências da Terra que confirmavam várias das previsões da teoria de Gaia. Para mim, era óbvio que a biologia pura de Richard Dawkins e a química pura dos geoquímicos não eram capazes de explicar a Terra. Então me perguntei: e se todo o sistema de vida e seu ambiente firmemente acoplado fizessem o serviço? Em 1979, me ocorreu que as objeções dos biólogos desmoronariam se pudesse ser demonstrado que o regulador seria o sistema Terra inteiro, feito da vida, inclusive o ar, os oceanos e as rochas superficiais, não apenas os organismos isoladamente. Provar essa tese exigiria um experimento na Terra inteira. De fato, isso estava acontecendo através das nossas próprias emissões de dióxido de carbono: estávamos perturbando o sistema e acabariam surgindo evidências que demonstrassem se ele era ou não autorregulado de acordo com a hipótese de Gaia. Mas, como já mencionado, não foi senão em 2008 que Richard Zeebe e Ken Caldeira usaram evidências de testemunhos de gelo para demonstrar a teoria de Gaia.

Tudo o que pude fazer em 1981 para testar a ideia foi compor o modelo holístico, o Mundo das Margaridas. Pouco antes do Natal daquele ano escrevi o programa do modelo e o rodei em um computador Hewlett-Packard 9845. Em certos aspectos, foi o passo mais importante na história da teoria de Gaia. O programa expressa de forma sucinta a base matemática da teoria e pode ser e foi testado no sentido de verificar se está sujeito a ser falseado.

Escrevi um programa que descrevia em termos matemáticos um sistema autorregulador formado pelo clima de um planeta plano e simples, iluminado por uma estrela como o Sol e no qual havia um ecossistema básico de duas espécies de margaridas evoluindo darwinianamente. Esse Mundo das Margaridas tinha uma temperatura superficial determinada pela proporção de calor radiante de sua estrela que era absorvido ou refletido para o espaço e por uma quantidade de calor irradiado no infravermelho. Não havia gases de efeito estufa para complicar o clima e a reflexão superficial da luz solar era proporcional à área coberta pelas margaridas de cor escura ou clara, ou pelo solo nu. As margaridas não cresciam abaixo de 5°C ou acima de 40°C, e tinham um crescimento ideal a 22,5°C. O modelo era executado aumentando-se lentamente a produção de calor da estrela, de modo semelhante ao aumento do calor vindo do Sol que acontece desde que a Terra se formou há 4,5 bilhões de anos. Assim que alguma parte do planeta atingia 5°C, as margaridas escuras começavam a crescer porque, sendo escuras, absorviam mais calor. Em pouco tempo, o crescimento das margaridas e a temperatura superficial aumentavam rapidamente, à medida que as margaridas se espalhavam, até que o planeta se tornasse quente demais para o crescimento das margaridas escuras. Agora, as margaridas brancas começaram a competir pelo espaço e, à medida que a estrela aumentava ainda mais a produção de calor, as margaridas de cor clara ocupavam mais espaço até que dominassem a superfície planetária. Por fim, o calor da estrela era excessivo para as margaridas claras; elas morreram de modo gradual e o planeta aumentou rapidamente a temperatura superficial e tornou-se inabitável. Uma característica desse tipo de modelo é mostrar o que os físicos denominam histerese; isto é, se executado de trás para a frente a partir do estado quente com redução do calor solar, as margaridas brancas não aparecerão enquanto não for atingida uma temperatura consideravelmente menor. O mesmo acontece com a aproximação do estado frio sem vida: as margaridas escuras persistem em calor solar menor, que o necessário para seu primeiro aparecimento.

Quando o modelo Mundo das Margaridas foi executado, fiquei feliz por descobrir que todo o sistema vital e seu ambiente regulavam a temperatura em um nível próximo ao ideal para o crescimento da planta. Para um modelo carregado de equações diferenciais não lineares, era surpreendentemente estável e bem-comportado. Manteve a temperatura próxima do ideal para as margaridas em uma faixa considerável de aportes de radiação solar, mas quando a estrela que iluminava o Mundo das Margaridas era brilhante demais ou obscura demais, toda a vida esvaecia: o planeta-modelo era vivo em aportes toleráveis de calor, mas morto se a estrela era demasiado quente ou demasiado fria. É importante reconhecer que o Mundo das Margaridas é o modelo de um sistema emergente no qual clima e organismos estão firmemente acoplados e evoluem juntos.

O Mundo das Margaridas é muito mais que um modelo de biologia populacional sobre a disseminação de tipos de margarida num planeta; é também um modelo climático. O que o fez especial foi que pela primeira vez o crescimento e a seleção de plantas foram rigidamente vinculados num modelo dinâmico com sua capacidade de afetar o clima e ser afetado por ele. Mostrou como um sistema assim poderia manter a temperatura superficial próxima à ideal para o crescimento de plantas em uma ampla faixa de forças radiantes. Variações sobre o tema do Mundo das Margaridas foram compostas e estão descritas no meu livro *As eras de Gaia*. Andrew Watson estava na época pesquisando a teoria de Gaia comigo; ele é um matemático mais competente que eu e seu *insight* sobre as sutilezas do modelo enriqueceu nosso artigo conjunto sobre ela, publicado no jornal sueco *Tellus* em 1973.

O Mundo das Margaridas foi como um golpe de vareta num ninho de vespas: o zumbido irritado dos biólogos dispostos a ferroar até a morte foi ensurdecedor. Foram publicados artigos que afirmavam provar a falsidade do Mundo das Margaridas — naturalmente, houve poucos colegas revisores que se opuseram a tais publicações antigaianas. Nenhum conseguiu atingir o objetivo e o Mundo das Margaridas ainda não foi refutado. Em 2002, um editorial na *Nature* comentou que nenhum modelo simples tinha irritado tantos cientistas quanto o Mundo das Margaridas. Em qualquer outro ramo da ciência que não a biologia, o fracasso em refutar o modelo do Mundo das Margaridas deveria ter tornado a teoria de Gaia merecedora de investigações aprofundadas nos anos 1980. Além do mais, o fracasso das refutações deveria ter sido uma advertência de que a teoria neodarwinista tinha falhas.

Os críticos continuavam a dizer: "E quanto aos infratores?" Eles achavam que o Mundo das Margaridas estaria fadado ao fracasso se infratores — margaridas parasitas que meramente cresciam e não realizavam regulação — fossem incluídos. Foi fácil acrescentar um infrator, uma espécie de margarida de cor neutra que nada fazia para a regulação, e reduzir a velocidade de crescimento das outras pela energia gasta para produzir o pigmento, mas, quando fiz isso, o modelo funcionou tão bem quanto antes. As margaridas de cor neutra só foram selecionadas pelo sistema quando a regulação não foi necessária. Quando estava quente, as margaridas de cor clara refletoras de calor eram favorecidas; quando estava frio, apenas as de cor escura absorvedoras de calor foram escolhidas. O Mundo das Margaridas é darwiniano: os biólogos falharam como discípulos de Darwin em perceber que os organismos não evoluem independentemente de seu ambiente — de fato, os organismos fazem parte de um todo maior que inclui o ambiente físico e químico que eles e outros organismos alteram.

Para mim, a longa e aparentemente interminável batalha pelo reconhecimento da teoria de Gaia foi frustrante e decepcionante; mas, apesar de tudo, o rancor foi plenamente compensado com humor. Os eminentes biólogos darwinistas William Hamilton e John Maynard Smith tornaram-se, ambos, amigos em fins dos anos 1990, apesar de Maynard Smith ter antes se referido publicamente a Gaia como "uma religião do mal". Ele veio a se hospedar por um breve período em Coombe Mill em 1996 e durante um jantar nos contou que nos anos 1970, quando a hipótese de Gaia apareceu pela primeira vez, os biólogos darwinistas estavam discutindo de forma impetuosa com outros biólogos que acreditavam que a evolução ocorreu por seleção de grupo, não de organismos individuais. Naquela época, ele considerava Gaia profundamente antidarwiniana e muito pior que a seleção de grupo: a hipótese de que o planeta evoluiu como se fosse um organismo vivo era para os darwinistas da época uma ideia absurda. Durante a visita, nos divertimos muito em torno do argumento neodarwinista sobre se uma pessoa corajosa deveria pular para dentro de um rio para salvar oito primos ou um parente sanguíneo direto. Sandy e eu, ambos maus nadadores, sentimos que tentar salvar oito de nossos primos era levar a lógica longe demais.

O Mundo das Margaridas acabou se revelando uma fonte frutífera de outros modelos da Terra. Matemáticos, entre eles Peter Saunders, Inman Harvey e James Dyke, até consideraram sua base matemática merecedora de estudo. O professor Saunders e o fisiologista Johan Koeslag mapearam a base matemática do Mundo das Margaridas em um modelo para a diabetes humana. Tim Lenton publicou muitos artigos Gaianos baseados no Mundo das Margaridas e organizou uma série de conferências sobre esse modelo e suas implicações matemáticas. Elas alcançaram popularidade e fizeram sucesso. O próprio Mundo das Margaridas evoluiu, de duas maneiras diferentes. Primeiro, tornou-se um conjunto mais completo de modelos biológicos onde, em vez de apenas duas espécies fixas de margaridas, havia até uma centena de diferentes espécies vegetais e também herbívoros e carnívoros presentes em três níveis tróficos. Esse trabalho encontra-se resumido no meu artigo "A Numerical Model of Biodiversity" [Um modelo numérico de biodiversidade] em *Philosophical Transactions of the Royal Society*, de 1992. Tais modelos, inclusive um no qual os organismos poderiam sofrer mutação espontaneamente, vão mais longe no sentido de explicar as relações entre biodiversidade e regulação. Meus amigos Stephan Harding e Tim Lenton os levaram consideravelmente mais adiante.

Como cientista mais próximo da física que de outras disciplinas, eu sabia que o valor da teoria é julgado pela exatidão de suas previsões e sua capacidade de resistir ao falseamento. No início dos anos 1990, a teoria de Gaia tinha feito dez previsões e oito delas tinham sido confirmadas ou, no mínimo, haviam se tornado aceitas em termos gerais. Além disso, como sabem os físicos, as previsões das boas teorias levam ao aparecimento súbito de novas pesquisas científicas. Isso tem sido especialmente o caso da pesquisa estimulada pela previsão da ligação entre produção biológica de sulfeto de dimetila no oceano, nuvens na atmosfera, a proporção de radiação da Terra e a regulação climática. O artigo sobre nuvens, algas e clima de Charlson, Lovelock, Andrea e Warren foi publicado na *Nature* em 1987 e suas conclusões são conhecidas como a hipótese CLAW. Desde então foram publicadas centenas, talvez milhares de artigos das pesquisas que ela estimulou. O professor Liss, da Universidade de East Anglia, e eu publicamos um artigo em 2007 na *Environmental Chemistry* resumindo o progresso da hipótese CLAW e concluímos que o mecanismo proposto foi observável apenas no hemisfério sul não poluído. A poluição por enxofre no hemisfério norte é agora até dez vezes maior que a produção natural das algas e obscurece qualquer efeito que as algas pudessem ter.

Previsão	*Teste*	*Resultado*
Marte não tem vida (1968)	Evidências de composição atmosférica demonstram ausência de desequilíbrio	Forte confirmação, Missão Viking 1975
Elementos são transferidos do oceano para a terra por gases biogênicos (1971)	Pesquisa de fontes oceânicas de sulfeto de dimetila e iodeto de metila	Constatação em 1973
Regulação climática através de intemperismo biologicamente amplificado (1973)	Análise de dados de testemunho de gelo vinculando temperatura e abundância de CO_2	Confirmação em 2008, por Zeebe e Caldeira

Previsão	*Teste*	*Resultado*
Gaia é velha e não está longe do fim de sua vida (1982)	Cálculo baseado em evolução solar geralmente aceita	Aceitação geral
Regulação climática através de controle de albedo de nuvens ligado a emissões de gases por algas (1987)	Muitos testes foram feitos, mas há interferência do excesso de poluição	Provável para o hemisfério sul
O oxigênio não variou em mais de 5% dos 21% nos últimos 200 milhões de anos (1974)	Análise de testemunho de gelo e sedimentos	Confirmação para até 1 milhão de anos atrás
As florestas boreais e tropicais fazem parte da regulação climática global	Modelos e observação direta	Aceitação geral
Biodiversidade é uma parte necessária da regulação climática (1992)	Por modelos, mas ainda não nos ecossistemas naturais	O júri ainda não se pronunciou
O período interglacial atual é um exemplo de fracasso dos sistemas em um sentido fisiológico (1994)	Apenas por modelos	Sem decisão
A transferência biológica de selênio do oceano para a terra como seleneto de dimetila	Medições diretas	Confirmada em 2000, Liss

Tabela 3. *O teste aplicado a algumas das previsões de Gaia e os resultados.*

O passo seguinte importante na história de Gaia foi a Declaração de Amsterdã, feita em um congresso da União Europeia de Geofísica em 2001, no qual mais de mil cientistas assinaram uma declaração que começava: "O sistema Terra comporta-se como um único sistema autorregulador formado de componentes físicos, químicos, biológicos e humanos." Meus amigos disseram: "Finalmente Gaia é reconhecida como ciência"; mas eu sabia que ainda havia um caminho a percorrer, que a declaração era incompleta e que a teoria de Gaia não faria verdadeiramente parte da ciência enquanto tal declaração não incluísse também uma interpretação cientificamente aceitável da ideia de que a finalidade da autorregulação é a manutenção da habitabilidade. Pesquisadores das ciências da Terra e da vida em Amsterdã não tinham percebido quão ambíguo é falar de autorregulação sem especificar a meta, a finalidade ou o ponto de ajuste do sistema. Por ser a ciência ainda profundamente submissa à lógica cartesiana racional de causa e efeito, palavras como "meta" ou "finalidade" levantam obstáculos imponderáveis. Mas engenheiros e fisiologistas sabem que autorregulação sem uma meta é bobagem — imagine o piloto automático de um avião que não tivesse a menor ideia de que altura manter ou para onde ir.

O físico australiano Garth W. Paltridge mostrou que ambientes planetários são naturalmente selecionados para maximizar a produção de entropia do planeta; em outras palavras, mantê-lo bem arrumado e com um balancete disciplinado de energia. Organismos vivos catalisam a rápida realização dessa meta e ao mesmo tempo impulsionam a evolução do sistema inteiro. Paltridge ofereceu outra maneira de enfocar a teoria de Gaia.

Se quisermos entender o clima e nos adaptarmos às suas mudanças, ou mesmo nos opor a elas, devemos ver a Terra como algo capaz de resistir à mudança adversa até que a situação se torne dura demais e, então, como uma coisa viva, fugir rapidamente até um refúgio seguro. Lutar ou fugir é uma característica da vida e a própria Terra, Gaia, há muito resiste às nossas intervenções através de uma autorregulação, opondo-se ao modo como alteramos o ar com gases de efeito estufa e removemos sua cobertura natural de florestas para a lavoura. Temos feito isso desde que éramos caçadores-coletores equipados com fogo, mas, até os últimos cem anos, houve pouca ou nenhuma mudança perceptível no estado da Terra. Agora, nossas intervenções são grandes demais para resistir e o sistema Terra parece estar desistindo da luta e se preparando para fugir para um lugar mais seguro, um estado quente com um clima estável, o qual ele visitou muitas vezes antes. Um exame da história do clima da Terra nos informa que em tais estados quentes Gaia ainda consegue se autorregular e sobreviver com uma biosfera reduzida.

É demasiado frequente supor, de forma equivocada, que a vida simplesmente se adaptou ao ambiente material, qualquer que fosse a época; na realidade, a vida é bem mais empreendedora. Diante de um ambiente desfavorável, ela pode se adaptar, mas, se não for suficiente para obter estabilidade, também pode mudar o ambiente. É o que estávamos fazendo agora com o lançamento de gases de efeito estufa no ar e com a mudança da superfície terrestre por meio da exploração agrícola; o desfecho é o aquecimento global. Se a Terra mais quente de agora fosse mais produtiva que a Terra fresca de antes da Revolução Industrial, estaríamos florescendo com a Terra. Infelizmente mudamos a temperatura na direção errada e, como resultado, poderemos ser eliminados. Um esfriamento teria sido muito melhor, mesmo que tivéssemos de abandonar boa parte das terras temperadas do norte para as geleiras. É assim que Gaia mantém um planeta habitável: as espécies que melhoram a habitabilidade florescem e aquelas que viciam o ambiente estão fadadas a retroceder ou se extinguir.

Aos poucos cheguei à conclusão de que os cientistas não se sentem à vontade com a teoria de Gaia porque ela é uma ameaça ao curso de suas vidas diárias. Geocientistas, por exemplo, construíram para si um mundo coerente onde tudo pode ser explicado por um conhecimento das propriedades e da história das rochas. A geociência coexiste confortavelmente com as ciências da vida através do uso de fósseis como rastreadores e marcadores da história das rochas. Usando a física, os geólogos descobriram a verdadeira idade das rochas, empregando elementos radioativos como relógios. Se um elemento como o urânio se transforma através da radioatividade em chumbo numa velocidade tal que metade dele se transformou em 4,7 bilhões de anos, então, a partir das proporções de urânio e chumbo em uma rocha, saberemos a data em que ela se formou. Pela separação dos isótopos desses elementos, uma tarefa que não é difícil com um espectrômetro de massa, a acuidade de tais medições é imensamente aumentada. Com a química, podemos saber quando e onde gases como o oxigênio tornaram-se inicialmente abundantes no ar e no oceano.

O mesmo foi verdadeiro para os biólogos, felizes com um mundo descrito por Darwin e seus sucessores, de organismos evoluindo por seleção natural em um ambiente estático. A ciência nunca pode ser incontestável, mas isso tinha o grau de certeza de que precisavam. Gaia, como algum editor tirânico, pareceu estar lhes pedindo que voltassem e reescrevessem o texto da vida em evolução — alterassem o texto para que o mundo no qual a vida evoluiu não tivesse sido um mundo fixo e imutável da geologia, mas tão dinâmico quanto os próprios organismos.

De certa maneira, os habitantes desses dois grandes ramos da ciência estavam expressando o mesmo impulso que faz com que todos nós destruamos nosso nicho na Terra de hoje. Todos queremos manter as coisas como sempre estiveram. Gostaríamos de viver nossas vidas e aproveitar nossa aposentadoria com pensão. Mudar uma maneira de pensar arduamente conquistada e acumulada durante toda uma vida exige uma justificativa muito boa, e posso muito bem entender por que os biólogos não querem adotar uma ciência da Terra e a têm menosprezado a partir de seu nicho aconchegante; nem os geólogos desejam arrebanhar uma multidão de organismos em seus bem-arrumados e asseados palácios.

Entre cientistas, somente os climatologistas toleraram Gaia; o motivo poderia ser que, assim como os médicos, eles se encontram na linha de frente da ciência e precisam constantemente prestar contas ao público. Esperamos muito daqueles que fazem a previsão do tempo, mas eles sabem que o mundo que lhes pedem para prever é caótico e, portanto, é previsível somente até certo ponto. Desde o início, os climatologistas têm mostrado uma mente aberta e deram apoio: o primeiro convite para escrever e conversar sobre Gaia foi num congresso de cientistas atmosféricos da Gordon Research Conference em New Hampshire, em 1970, organizado por James Lodge, do Centro Nacional de Pesquisas Meteorológicas (NCAR). O destacado cientista atmosférico e climatologista Bert Bolin, fundador do IPCC, fez o convite para o artigo seguinte sobre Gaia, dessa vez com minha colega Lynn Margulis. O artigo, "Atmospheric Homeostasis by and for the Biosphere; the Gaia Hyhpothesis" [Homeostasia atmosférica por e para a Biosfera; a hipótese de Gaia], foi publicado em 1974 na *Tellus*, um periódico sueco de climatologia.

O climatologista Stephen Schneider convenceu a União Americana de Geofísica a manter duas de suas prestigiosas Conferências Chapman tendo Gaia como tópico, sob os títulos "Cientistas a favor de Gaia" e "Cientistas debatem Gaia". Sou muito grato a Steve pela condescendência, no melhor sentido da palavra, e não em sua conotação pejorativa. A conferência de 1988 em San Diego foi para mim um enorme suplício, e me senti muito sozinho. A segunda, em Valência, em 2001, revelou quão longe o pensamento Gaiano tinha chegado e quanto caminho ainda tinha de percorrer.

Apesar das dificuldades, a teoria de Gaia lentamente ganhou aceitação, e em 2003 a sociedade mais antiga de geociências, a Sociedade Geológica de Londres, concedeu-me a Medalha Wollaston, e na menção deixou claro que o prêmio era para a teoria de Gaia. Em 2005, um convite da Sociedade Ecológica para tornar-me membro de seu quadro finalmente colocou a teoria no seu devido lugar como aquela que unificou as ciências da Terra e da vida. A ciência levou muito tempo para olhar para Gaia. Por quê? Penso que a culpa recai, principalmente, sobre os cientistas do século XIX, que para seu próprio engrandecimento capturaram e declararam independentes os territórios da física, química, ciências da Terra e da vida. Tal conflito territorial ainda continua, e novas disciplinas continuam a se formar. Esperar que as ideias unificadoras de Gaia fossem bem-recebidas em tal ambiente foi imprudente, quase tão ruim quanto tentar levar paz a um casal que está brigando — previsivelmente, os dois se unem, mas em oposição ao interventor. Não é surpreendente que a união restaurada das ciências tenha produzido a biogeoquímica e a ciência do sistema Terra. E o que há de errado nisso? Quase nada, mas vale perguntar: você teria lido este livro se tivesse o título *Ciências do sistema Terra: alerta final*?

A teoria de Gaia tornou-se firmemente alojada nas mentes de alguns cientistas americanos importantes como mitologia dos anos 1960, e na verdade não como ciência. Se você considerar esta declaração um exagero e nada além de opinião de alguém contrariado, considere estes recentes comentários críticos. Em 2007, uma resenha de Brian Hayes de *A vingança de Gaia*, na *American Scientist*, recebeu o título desdenhoso "Great Balls of Gaia". Outro resenhista favorável em outros aspectos, o físico e professor Peter Schroeder, começou a resenha na *Physics Today* com: "A própria palavra Gaia pode bastar para assustar possíveis leitores deste livro. Para mim, transmite a ideia de uma entidade misteriosa que seria usada pelos adeptos da New Age e não por cientistas respeitáveis." Ele continua: "Então, minha primeira tarefa é dispersar tais ilusões e destacar que a teoria de Gaia é o produto de observação científica e, como as boas teorias científicas, está sujeita a testes e produz frutos previsíveis." Talvez mais reveladora foi uma conversa que por acaso ouvi na sala de café dos funcionários do NCAR:

> PESQUISADOR: Acho que deveríamos dar ao nosso artigo o título "A geofisiologia dos ecossistemas florestais".
>
> CIENTISTA SÊNIOR: Você não pode usar essa palavra "geofisiologia", arruinará sua reputação como cientista — é simplesmente Gaia encoberta.

E, assim, o desprezo tende a fazer da teoria de Gaia a ciência que não ousa dizer o próprio nome. Contudo, as evidências da teoria já são fortes e, normalmente na ciência, estaríamos agindo como se fosse um caso decidido e encerrado — como na compra de uma casa quando os contratos foram assinados e estamos esperando pela data de efetivação. Mas, com Gaia, há tanto em jogo que achamos difícil aceitar e agir. Se ela for real, seremos rebaixados de proprietários da Terra para uma das muitas espécies animais. Ainda nos permitirá ser importantes e poderosos, mas a Terra poderá prosseguir sem nós, embora sem os fotossintetizadores provavelmente morresse em breve. Num nível abaixo, a aceitação lança dúvida sobre o modo como a ciência é dividida em um conjunto cômodo de disciplinas, e torna indesculpável continuar a prever e planejar nosso futuro com base na ciência reducionista dos séculos passados. Essas são questões grandes demais para serem assimiladas em menos de uma década. Não estou pedindo aos meus colegas cientistas que desistam de seu modo cartesiano racional de pensar que lhes serviu tão bem e se tornem imediatamente cientistas de sistemas. Tudo o que peço é que levem a ciência de Gaia a sério.

7
Percepções de Gaia

Uma desvantagem da ciência pouco mencionada é a frequência com que temos de assumir como verdadeiras coisas que não podem ser diretamente confirmadas pelos nossos sentidos. Somos informados de que tudo é feito de átomos, mas nunca os vemos a olho nu; pior, os físicos nos dizem que os átomos existem como ondas e também como partículas e que quase tudo é espaço vazio. Temos simplesmente que acreditar na nossa matéria sólida. Quando estiver no espaço e olhar para baixo, poderei ver nosso planeta como ele é, algo real e sólido; mas como acontece com os átomos, só posso inferir a existência de Gaia por evidências indiretas.

Para ilustrar as ciladas da percepção, quero descrever como, dez anos atrás, Sandy e eu passamos pela experiência de uma ilusão perturbadoramente poderosa durante uma caminhada ao longo da costa da Cornualha. Uma estrada rústica e pedregosa nos levou ao longo da borda de penhascos escarpados que desciam cerca de 120 metros até os blocos de rochas e trechos luminosos de areia lá embaixo. Esse é um dos nossos passeios favoritos, parte da South West Coast Path, a Trilha Costeira, ao redor da península sulina que parece um dedo apontando para o continente americano do outro lado do oceano, a 4.800 quilômetros. Enquanto caminhávamos, estávamos imersos numa suave corrente de ar marítimo fresco e limpo e nossos ouvidos se enchiam de sons de gaivotas e de ondas arrebentando. Era fácil imaginar que esse era um cenário intocado pelos artefatos do homem. Mas não durou. Lá, numa porção maior de areia, à frente e abaixo, havia um trailer. Na praia, parecia monstruoso, deslocado e, de fato, ilegal. Nossa visão de paz se esfacelou; se trailers num lugar como aquele se tornassem a regra, não haveria como escapar do barulho, da intrusão e da feiura da vida urbana. Continuamos a caminhar indignados, mas, como que por encanto, o trailer feio se dissolveu na luz solar e se transformou em um pedaço de areia, rocha escura e uma poça d'água do mar. Por um truque de luz e cenário, nossas duas mentes tinham simultaneamente distinguido a falsa imagem de um trailer e nossos sentimentos e preconceitos tinham preenchido os detalhes, fazendo-o parecer real. Tivéssemos nós, ou a estrada, mudado de rumo e perdido de vista aquele lugar, Sandy e eu teríamos continuado a estar convencidos de que o que vimos era real e constituiríamos testemunhas categóricas e confiantes num tribunal.

Foi uma pequena, mas inesquecível ilusão. Agora, no momento em que escrevo, me pergunto o que separa a ilusão daquilo que chamamos de realidade em nossas mentes. Quanto de Gaia estarei vendo quando, pela escotilha da espaçonave de Richard, eu olhar para a Terra cerca de 100 quilômetros abaixo? Uma maneira de responder é considerar como percebemos e, para isso, precisamos voltar ao início de nossas vidas. Em algum momento, talvez até mesmo quando estamos no útero de nossa mãe, nossas mentes seguem as instruções formuladas por nossos genes e começamos a tarefa gigantesca de construir um modelo do mundo com base nas informações constantes que vêm dos nossos sentidos. Quando nascemos, já somos mais que uma mente vazia — um bom bocado do sistema operacional da mente está especificado em nossos genes e damos a ele o nome de instinto, como o medo que se apodera da maioria de nós quando estamos em um lugar alto acima de um declive vertiginoso. Algumas espécies, pássaros, por exemplo, parecem nascer com mais instinto do que nós e sabem, sem que lhes ensinem, como construir os ninhos ou navegar pelo mundo para um lugar de nidificação distante. Não se engane, animais conscientes são criadores de modelos: precisam sê-lo para sobreviver; e a inteligência é, antes de tudo, um componente de nosso kit de sobrevivência, tão necessária quanto são os espinhos para os porcos-espinhos ou o pelo branco para um urso polar. Desconfio que uma enorme vantagem dos cérebros humanos seja a plasticidade, a habilidade de extrair novas informações e, a partir delas, formar intuição, um software criado pela mente que age como um substituto para o instinto e permite ação rápida e inconsciente. Ao contrário do instinto, a intuição é apenas para o usuário, não sendo transmitida à geração seguinte, mas é maravilhosamente adaptável e fortalece o modelo de nossa mente. A adaptabilidade da intuição é especialmente valiosa para uma espécie como a nossa, que vagueia pela Terra através de ambientes sempre variáveis. Talvez nossa necessidade mais importante seja uma rápida capacidade de reconhecer vida. Uma coisa viva poderia ser nosso predador, um tigre bem dissimulado por camuflagem e quase invisível na vegetação da floresta. Poderia ser nosso parceiro, chegando para um encontro, ou poderia ser nossa próxima carne fresca. Nossa sobrevivência e a de nossa espécie dependem de uma resposta rápida e precisa à pergunta: está vivo?

Então, como é que sabemos, como reconhecemos a vida de forma instantânea? Principalmente procurando diferenças e semelhanças entre o que nosso modelo prevê e o que nossos olhos veem. Com uma cena estática, o modelo em nossas mentes compara as informações sensoriais dos nossos olhos até que alguma coisa na cena se revele diferente do segundo plano. Como todo predador sabe, o movimento é revelador. O movimento e a forma de algo que se move indicam a provável presença de vida. Rochas, solo e vegetação (exceto quando sofrem a interferência do vento) são estáticos e fornecem um segundo plano de constância contra o qual o movimento de um mamífero, pássaro ou réptil é imediatamente observado, e comparamos sua forma com aquilo que nosso modelo confirma ser correspondente a uma das partes comestíveis, amistosas ou letais da vida. Distinguimos rapidamente todas as plantas das rochas de uma maneira semelhante por seus complexos padrões repetitivos de folhas e galhos: talvez seja esse o motivo de cristais naturais serem tão fascinantes — estão mortos, mas têm uma regularidade repetitiva não encontrada em rochas ou pedras normais. O poder de nosso detector de vida prova seu valor quando olhamos para a correnteza rápida de um rio do alto de uma ponte: o movimento constante da água brilha nos nossos olhos como redemoinhos e ondas refletem a luz solar e, contudo, se a água for límpida, veremos um peixe, especialmente se estiver nadando rio acima contra o fluxo, e saberemos que está vivo. Se você achar que isso é fácil, óbvio e maçante, tente projetar um aparelho de detecção de vida capaz de registrar a presença daquele peixe. Não é nem um pouco fácil e, ainda assim, a detecção de vida é uma parte gratuita do nosso equipamento mental, que pode ser atualizado e aperfeiçoado com treinamento.

Estamos eternamente comparando o mundo percebido pelos nossos sentidos com o mundo do modelo de nossas mentes. Quando houver correspondência, aceitaremos que seja real. Sandy e eu temos certeza de que o trailer que vimos na praia era real, mas não era mais que uma edição construtiva de nossas mentes que, para criar melhor correspondência com o nosso modelo mental, fizeram retoques numa parte imprecisa da cena que imaginamos ter visto. É desanimador imaginar que, se não tivéssemos continuado em frente e visto que o trailer era uma ilusão, na próxima vez que caminhássemos por aqueles penhascos teríamos nos perguntado quando e para onde ele teria ido. Nosso modelo do mundo é continuamente atualizado, nem sempre pela verdade.

Parte substancial da ciência originou-se da descoberta de instrumentos capazes de ver, sentir e ouvir muito além do alcance dos nossos sentidos. O microscópio que Leeuwenhoek criou pela primeira vez no século XVII permitiu que ele visse organismos minúsculos nadando em uma gotícula de água, e sua forma e movimento lhe informaram que estavam vivos. O microscópio ampliou nosso alcance de percepção para coisas menores em relação ao que podemos ver a olho nu. Outros, em especial Galileu, fizeram o mesmo com telescópios e agora podemos ver quase tudo até limites do universo. Nossos olhos e ouvidos foram limitados pela evolução àquilo que é necessário para sobreviver e nada mais. Os seres humanos nunca encontraram ambientes que teriam tornado necessária a posse de olhos que vissem nas faixas do infravermelho ou ultravioleta do espectro, mas os répteis e insetos encontraram. Também teríamos tais sentidos se a necessidade tivesse sido bastante grande.

A seleção natural não fez com que nossos cérebros, apesar de espantosamente poderosos, evoluíssem de modo a ver e reconhecer átomos ou galáxias distantes. Não admira que nós, cientistas, tentemos tão arduamente construir modelos e instrumentos potentes o suficiente para enxergar esses elementos imperceptíveis parecer real. Por que, então, todos nós não vemos por instinto ou intuição algo tão importante quanto Gaia? Principalmente, penso eu, porque até bem pouco tempo isso não foi importante para nossa seleção como organismos. O mesmo vale para a Terra em si; não foi senão afinal na época dos gregos que os sábios nos disseram que caminhávamos em um planeta esférico que orbitava o sol. Antes, nosso mundo não era mais que o ambiente perceptível e o que nossas imaginações faziam do céu e do solo debaixo dos nossos pés.

Cientistas amistosos muitas vezes me perguntam: por que você continua falando sobre a Terra como se fosse viva? É uma boa pergunta, e não existe uma resposta racional; de fato, para alguns dos meus amigos, minha sugestão de que o planeta inteiro está vivo não é apenas "cientificamente incorreta", é absurda. Em resposta, digo que a ciência ainda não formulou uma definição completa de vida. Físicos e químicos têm uma definição, biólogos têm outra, e nenhuma delas é completa. Mas isso não convenceu muitos dos meus amigos porque eles acham que sabem por instinto ou intuição o que está vivo, e a Terra não satisfaz de forma alguma seus critérios de vida. Não se pode negar que instinto e intuição são poderosos e, portanto, minha afirmativa de vida do tamanho de um planeta é desconsiderada por ser uma excentricidade.

Bem, talvez seja, mas os cientistas não se saem muito melhor. Assim, o físico Schrödinger, no seu notável livrinho *O que é vida?*, sugeriu que uma redução dinâmica de entropia interna sustentada por muito tempo distingue a vida de seu ambiente inorgânico; esse pensamento é repetido por outros físicos, em particular Bernal e Denbigh. Biólogos simplesmente dizem que uma coisa viva é aquela que se reproduz, e os erros de reprodução são corrigidos por seleção natural. Nenhuma dessas definições é útil. A resposta do físico é ampla demais e implicaria que aparelhos mecânicos como refrigeradores estão vivos; a definição do biólogo é demasiado estreita e implicaria que eu, uma avó ou um choupo da Lombardia estaríamos mortos, já que não podemos nos reproduzir. Gaia se encaixa na definição do físico, mas é reprovada no teste do biólogo, porque não se reproduz, nem pode haver seleção natural entre planetas. Mas algo que vive um quarto da idade do universo certamente não precisa se reproduzir e talvez a seleção natural de Gaia ocorra internamente à medida que os organismos e seu ambiente evoluem numa união firmemente acoplada. Levemos tal raciocínio mais adiante imaginando uma avó velha demais para ter filhos: de acordo com a definição do biólogo, ela não está viva, mas ela está, como Gaia é, uma vasta comunidade de células vivas em cooperação que realmente se reproduz. Percepção e *insight* determinarão o limite da nossa sabedoria.

A ciência é, *grosso modo*, dividida entre o pensamento cartesiano racional dos cientistas da Terra e da vida e o pensamento holístico dos fisiologistas, engenheiros e físicos. Os cientistas holistas falam em linguagem matemática, sendo frequentemente incompreensíveis aos racionalistas. Os cientistas racionais têm aversão a *insights*; preferem muito mais explicações fundamentadas passo a passo em dados confiáveis e metódicos. Consideram o *insight* um filho da intuição, algo irracional extraído de uma confusão de dados aparentemente conflitantes. Eles podem ter aversão, mas os grandes passos na ciência surgem do *insight* tanto quanto da análise e síntese racionais. É esse particularmente o caso da física quântica e da ciência das coisas vivas; de fato, talvez jamais seja possível definir vida ou o emaranhado quântico em termos científicos racionais. Charles Darwin reconheceu por *insight* que a evolução de todos os organismos vivos é governada por seleção natural ou, como colocou Jacques Monod, através da operação de acaso e necessidade — mas não foi senão cinquenta anos ou mais depois, e após uma vida toda de pesquisa e coleta de evidências pelo próprio Darwin e posteriormente por Mendel, que todo o significado científico de evolução foi estabelecido por homens competentes como Fisher, Haldane e Ernst Mayer e, mais recentemente, John Maynard Smith, Robert May e Bill Hamilton. Mesmo então, não foi senão cem anos depois de Darwin que seus apóstolos E. O. Wilson e Richard Dawkins tornaram-na publicamente compreensível. Temos agora o *insight* de Gaia de que a evolução darwiniana é restringida pela resposta do ambiente material. Assim, pela simples respiração, adicionamos dióxido de carbono ao ar, o que tem consequências para tudo vivo na Terra, inclusive nós, e para a evolução de todo o imenso sistema. Gaia é um conceito holístico e, portanto, intragável para os pesquisadores racionais das ciências da Terra e da vida. Físicos e fisiologistas, acostumados a manusear o literalmente incompreensível, aceitam Gaia e outros conceitos holísticos por considerarem-nos úteis, e ficam contentes em trabalhar com eles.

Meu motivo para insistir em chamar a Terra de Gaia e dizer que ela está viva não é uma vaidade pessoal; o motivo é que vejo isso como um passo essencial no processo de entendimento público e também científico. Enquanto não sentirmos intuitivamente que a Terra é um sistema vivo e não soubermos que fazemos parte dela, não poderemos reagir de forma automática para a proteção dela própria e, no final das contas, a nossa própria proteção. Foi somente em 2004 que alguns de nós de todo o mundo, entre os quais Tim Flannery e Al Gore, vieram a ter o *insight* de que a mudança climática era mais que um projeto científico acadêmico — era, ao contrário, uma realidade ameaçadora, que punha todos nós em perigo. Antes de 2004, o debate sobre Gaia tinha a ver somente comigo e um número relativamente pequeno de cientistas, mas, agora, um entendimento correto da Terra como um planeta vivo é uma questão de vida ou morte para bilhões de pessoas e de extinção para toda uma gama de espécies. Se não aceitarmos que a Terra é viva, e que nós fazemos parte dela, poderemos não saber o que fazer nem para onde ir quando o oceano se elevar num mundo quente e seco. Diante do objetivo de alcançar essa consciência, o nome Gaia é muito mais adequado para uma vasta entidade viva que algum acrônimo insípido baseado em termos científicos racionais. Na Grécia antiga, Gaia era a deusa da Terra. Para muitos gregos, era a mais venerada de todas as deusas e, curiosamente, a única deusa ou deus que nunca foi objeto de escândalo.

Posso lembrar a você por que chamo a Terra de Gaia? Isso tem origem nos anos 1960, quando o escritor William Golding, que depois ganhou o Nobel e muitos outros prêmios, era um vizinho próximo e amigo. Ambos vivíamos no vilarejo de Bowerchalke, cerca de 20 quilômetros a sudoeste de Salisbury, no sul da Inglaterra. Conversávamos com frequência sobre temas científicos nas caminhadas pelo vilarejo ou no pub do local, o Bell Inn. Em 1968 ou 1969, durante uma caminhada, testei minha hipótese com ele; Golding foi receptivo porque, ao contrário de muitas figuras literárias, tinha estudado física quando estava em Oxford como aluno de graduação e entendia muito bem a ciência do meu argumento. Ele se entusiasmou e disse: "Se você estiver pretendendo ir a público com uma grande ideia como essa, sugiro que lhe dê um bom nome: proponho 'Gaia'." A sugestão me agradou — era uma palavra, não um acrônimo, e eu até considerava a Terra, em certos aspectos, viva, pelo menos tanto quanto parecia que ela regulava seu próprio clima e química. Poucos cientistas têm familiaridade com os clássicos e não sabem que Gaia, às vezes, recebe o nome alternativo "Ge". Ge, obviamente, é o prefixo das ciências da geologia, geofísica e geoquímica. Para Golding, Gaia, a deusa que do caos criou a ordem, era um título adequado para a hipótese sobre um sistema Terra que regulava seu clima e química de modo a preservar a habitabilidade.

Meu primeiro livro, *Gaia: A New Look at Life on Earth* [Gaia, um novo olhar sobre a vida na Terra], foi escrito nos anos 1970, a maior parte na Irlanda. Talvez por causa da sensibilidade profundamente religiosa daquela terra, escrevi: "Não há conjuntos de regras ou prescrição para viver com Gaia, só existem consequências." Isso foi um *insight* e não uma inferência científica deduzida logicamente, mas nada aconteceu nos trinta anos desde então que me fizesse mudar de ideia. Nossa interpretação da Terra tem sido preterida pela rapidez e sucesso da criação de modelos em computadores. Não estou nem por um momento sugerindo que essa criação não seja uma atividade agradável e de valor; de fato, muito da ciência moderna não teria acontecido sem isso. A dificuldade surge porque criar modelos computacionais da ciência racional do século XX é tão fácil quanto criar modelos holísticos similares ao modelo simples de Gaia conhecido como Mundo das Margaridas. Uma vez que um grande modelo computacional for criado e produzir um resultado verossímil — especialmente se, quando rodado de trás para a frente, tiver sucesso em prever o clima das décadas anteriores —, então suas previsões do futuro tenderão a ser aceitas como verdadeiras. É esse o estado de muitos dos principais modelos climáticos atualmente em uso pelo IPCC. A teoria de Gaia é holística, um sistema teórico completo e, como tal, não pode ser modelada utilizando os conceitos das ciências da Terra ou da vida separadamente. Quase todas as ciências que não a física, fisiologia e engenharia de primeira classe são reducionistas; em outras palavras, têm a ver com decompor algo em pedacinhos para revelar suas partes em última instância irredutíveis, como átomos ou o DNA. A ciência do sistema holístico se preocupa com sistemas operacionais intactos, como a Terra, organismos vivos e artefatos autorreguladores produzidos por engenheiros. Exceto por esses sistemas dinâmicos, a ciência holística ainda está emergindo e ainda não é comumente usada na prática.

Computadores foram inicialmente usados em ciência por físicos para auxiliá-los com as difíceis equações e com as complexidades desafiadoras dos conceitos recentemente desenvolvidos pela teoria quântica. Não demorou muito para que engenheiros com problemas igualmente difíceis, porém mais práticos, os empregassem para aperfeiçoar as invenções e, mais tarde, construíssem modelos que exibiam uma imagem tridimensional das engenhocas na tela do computador, imagens que poderiam ser giradas e cutucadas na tela quase como se fossem reais. Engenheiros são pessoas práticas e duvido que qualquer um de seus modelos, independentemente de quão reais parecessem, tenha entrado em produção em massa sem que um protótipo sólido fosse experimentado e testado. Outros cientistas começaram a compor modelos e a usá-los para refinar suas ideias e experimentos.

Nos anos 1960 e 1970, os computadores mal superavam a potência de uma calculadora de bolso e as linguagens dos programas eram peculiares. Uma dessas formas de lógica matemática tinha o nome de "notação polonesa reversa" e não surpreende que os cientistas não matemáticos a evitassem. Por volta dos anos 1980, computadores consideravelmente potentes eram produzidos em massa e fáceis de usar. Assim como um motorista médio não tem a menor ideia do funcionamento de um carro moderno, também os cientistas que usam o computador em sua mesa não têm a menor ideia de seu funcionamento detalhado, mas o pilotam com segurança para resolver seus problemas. Cientistas da Terra e da vida usaram computadores para modelar os ciclos de elementos químicos ou a evolução de populações. Os modelos computacionais são tão úteis que não demorou muito até que vários biólogos e geólogos guardassem seu equipamento de campo e começassem uma nova vida trabalhando com seus modelos, fingindo que eram o mundo real. Esse destino de Pigmalião — apaixonar-se pelo modelo — é extremamente fácil, como descobriram as gerações de jovens e velhos brincando com os jogos eletrônicos. Aos poucos, o mundo da ciência evoluiu até o ponto perigoso em que a construção de modelos tem precedência sobre a observação e a medição, especialmente nas ciências da Terra e da vida. Em certos aspectos, a criação de modelos pelos cientistas tornou-se uma ameaça ao alicerce sobre o qual a ciência se apoia: a aceitação de que a natureza é sempre o árbitro final e que uma hipótese deve ser sempre testada por experimento e observação no mundo real.

A lentidão em se aceitar a teoria de Gaia também se deveu, penso eu, à longevidade das ideias geniais. Assim como a elegância da física newtoniana retardou a emergência da física moderna, também uma rígida interpretação do darwinismo atrasou a aceitação de Gaia. Temos um ditado na ciência que diz: "A eminência de um cientista é medida pelo tempo em que ele impede o progresso." A genialidade grandiosa de Descartes, pai do reducionismo, ainda dificulta a emergência da ciência holística da Terra, na qual a ciência da Terra e da vida formam uma única disciplina. Sua insistência na separação de mente e corpo persistiu tão fortemente como uma influência que somente nos últimos anos a noção de "plasticidade" se tornou respeitável: o conceito de que o pensamento pode mudar a estrutura física do cérebro e vice-versa.

Físicos e químicos criam modelos, mas geralmente estão cientes das limitações e quase sempre exigem verificação experimental. Infelizmente, apenas raras vezes os cientistas da Terra e da vida podem fazer experimentos diretos com a Terra, e são forçados a ser menos puristas. É muito frequente que os programas que definem um modelo sejam concebidos por cientistas profissionais da computação ou até sejam aplicações comerciais de modelagem. As ideias incluídas nos modelos podem ser as dos cientistas, mas os modelos podem ser matematicamente incapazes de manipulá-las. É como se esperássemos que um carro construído para viagem em estradas se saísse tão bem quanto através dos campos e cercas vivas dos fazendeiros. Num plano ideal, os cientistas deveriam estar pessoalmente envolvidos no desenvolvimento da programação do seu software, pois, dessa maneira, o criador de modelos teria a chance de interagir com eles e, talvez, até entendê-los.

Confiança na validade dos modelos criados isoladamente por cientistas da Terra e da vida tem um efeito nocivo sobre o entendimento que eles têm do nosso planeta. Isso aconteceu porque os cientistas da vida não incluíram um ambiente dinamicamente reativo e os cientistas da Terra não incluíram organismos que evoluíam e reagiam com dinamismo à mudança ambiental. Houve um motivo fundamental e menos perdoável para a relutância deles em abraçar a modelagem transdisciplinar. A matemática dos sistemas autorreguladores dinâmicos frequentemente envolve equações diferenciais difíceis ou impossíveis de resolver pelos métodos tradicionais. É muito fácil resvalar na prática de fazer as chamadas "aproximações linearizantes" e, então, esquecer sua presença à medida que o modelo evolui.

Cientistas dessas disciplinas distintas deveriam ter percebido que estavam no caminho errado quando, de forma independente um do outro, o geofísico Edward Lorenz, em 1961, e o biólogo neodarwinista Robert May, em 1973, fizeram a notável descoberta de que o caos determinístico era parte inerente dos modelos computacionais que eles pesquisaram. Caos determinístico não é um oximoro, por mais que possa parecer. Antes que Lorenz e May tivessem começado a usar computadores para resolver sistemas ricos em equações difíceis, quase toda a ciência se apegava à ideia reconfortante, proposta em 1814 pelo matemático francês Pierre-Simon Laplace, de que o universo era determinístico e que, se a localização e o momento precisos de cada partícula do universo fossem conhecidos, então, utilizando-se as leis de Newton, poderíamos revelar o curso inteiro dos eventos cósmicos passados, presentes e futuros. O primeiro indício de que isso era bom demais para ser verdade veio em 1890, quando Henri Poincaré estudou a interação de três corpos mantidos juntos pela gravidade enquanto orbitavam no espaço; ele descobriu que o comportamento do sistema era inteiramente imprevisível. Esse era um grave defeito no conceito de determinismo, mas foi apenas em 1961 que Lorenz usou um computador primitivo para demonstrar o comportamento caótico do tempo e constatou que, depois de cerca de uma semana, ele era inteiramente imprevisível. Ele foi o criador do "efeito borboleta" — a ideia de que um sutil deslocamento de ar produzido pelas asas de uma borboleta poderia dar início, muito depois, a um furacão; ele demonstrou que isso ocorria porque os sistemas climáticos são altamente sensíveis às condições iniciais de sua origem. May descobriu que os modelos computacionais de crescimento populacional revelavam um comportamento caótico semelhante, particularmente em sistemas biológicos contendo mais de duas espécies; essas descobertas despertaram grande interesse entre matemáticos e cientistas a respeito da natureza do caos determinístico. Emergiram aplicações práticas em comunicações e novas formas de arte, como as surpreendentes ilustrações de matemática fractal do conjunto de Mandelbrot. Foi muito humano e aparentemente compreensível que nenhum desses cientistas eminentes tivesse dado muita importância ao fato de que o aparecimento do caos sugeria que poderia haver algo de errado em suas hipóteses sobre o mundo. Lorenz e May estavam examinando o sistema Terra a partir de disciplinas científicas distintas, que tomavam como certo o determinismo da causa e efeito. Contudo, se, ao contrário, considerarmos o clima e o crescimento populacional um único sistema firmemente acoplado, constataremos que o modelo combinado é resiliente à perturbação e faz previsões confiáveis. É por esse motivo que continuo apelando aos cientistas do IPCC para que incluam em seus modelos os ecossistemas da Terra de uma maneira similar, firmemente acoplada e que envolva respostas.

Não quero absolutamente sugerir que Lorenz ou May tivessem tropeçado no caos. Eles foram cientistas dos melhores e depararam com o caos fortuitamente; tiveram a sensatez de considerá-lo uma descoberta verdadeiramente importante em si mesma e que ampliava tanto a arte quanto a ciência.

Últimas notícias: a investigação de Edward e David Wilson sobre a sociogênese aponta o caminho para o próximo grande passo na percepção de Gaia.

Um superorganismo é algo que inclui organismos individuais, mas existe como uma entidade reconhecível. É uma categoria que inclui ninhos de colônias de insetos sociais e cidades humanas. O conceito de superorganismo poderia oferecer um passo útil para partirmos do individualismo inflexível do gene egoísta para o holismo totalmente abrangente de Gaia.

Parte importante desse passo foi descrita por Bert Hölldobler e Edward O. Wilson em seu recente livro *The Superorganism* [O superorganismo]. Esses autores redefinem o superorganismo como uma entidade na qual os genes dos organismos constitutivos ainda dominam, mas em que a evolução avança através da seleção das colônias.

A pergunta que me interessa é: o que determina os limites de um superorganismo, como uma colmeia de abelhas selvagens? Seria o material da colmeia ou a camada externa das abelhas? Como geofisiologista, vejo a colmeia inteira como uma entidade viva, com o material das paredes sendo algo que as abelhas produziram e que serve para preservar o ambiente interno da colmeia. Eu o compararia à concha de um caracol ou à pelagem de um urso, algo não vivo, mas parte integral do organismo. Se for, então o ninho é uma forma de vida — e isso não parece tão absurdo quando consideramos a observação de que as colmeias de abelha mantêm a temperatura interna confortável de forma ativa no frio do inverno e no calor do verão.

8
Ser ou não ser verde

Meu pai, Tom Lovelock, nasceu em Berkshire Downs, que se situa acima da cidadezinha de Wantage — capital da Inglaterra na época do rei Alfred. Passou os anos da infância perto da natureza quase tanto quanto um caçador-coletor. Ele falava de um mundo bem diferente daquele descrito por seu contemporâneo, o romancista Thomas Hardy. Tom foi um dos treze irmãos criados por minha avó viúva; antes de morrer, meu avô tinha trabalhado numa olaria das proximidades — de propriedade da família do naturalista J. E. Lousley, cujo livro *The Wildflowers of Chalk and Limestone* [*As flores silvestres de greda e calcário*] abrilhanta a série Collins New Naturalist. Durante a maior parte da infância de Tom a família foi extremamente pobre. Não havia previdência social e o passo seguinte que se assomava nos degraus da pobreza seria o asilo de pobres. Poucos hoje se lembram do pavor do encarceramento no asilo que assolava as vidas dos pobres na era vitoriana. Não tenho a menor ideia se era tão ruim quanto

Dickens o retratava, mas o medo dele era real e sentido por meus avós dos dois lados da família. Meus tios e tias Lovelock tiveram quando crianças que ganhar a vida no campo até que, muito mais tarde, minha avó voltou a se casar; meu pai era um dos irmãos mais velhos e a principal tarefa, de obter comida, recaía sobre ele. Tom me contou como um agricultor local deixava que ele pegasse alguns nabos de sua plantação e quão pobre era sua alimentação. Ele ganhou a chance de se tornar aprendiz de um caçador e a aproveitou; isso deu à família as primeiras refeições de carne, quando os coelhos e faisões chegavam em casa para suplementar a dieta pobre. Poucas ocupações no campo oferecem um treino tão bom sobre o comportamento de animais selvagens ou, como é hoje conhecido, etologia, quanto a caça. Tom passou boa parte da infância aprendendo esse ofício raro. Naturalmente, sem nenhuma instrução formal de qualquer espécie, ele era analfabeto e incapaz de realizar cálculos. Ao fazer 14 anos, talvez por causa da imprudência que caracteriza a juventude, os guarda-caças apanharam-no caçando no bosque do fidalgo local. Acusado pela infração, ele compareceu diante do tribunal e foi sentenciado a seis meses de trabalho pesado, os quais cumpriu na Prisão de Reading. (Isso aconteceu vários anos antes de Oscar Wilde ter cumprido sentença lá.)

Depois da experiência, ele concluiu sensatamente que sua ocupação era agora demasiado conhecida em Wantage e, assim, partiu para Londres. Aqui, ele aceitou um trabalho fatigante na então avançada indústria de gás de carvão. O gerente da fábrica de gás, Vauxhall Gas Works, era um químico, dr. Livsey, e ele logo percebeu que Tom tinha uma inteligência indiscutivelmente acima da média. Ao descobrir que ele era analfabeto, enviou-o à Battersea Polytechnic, onde remediaram a deficiência nas três áreas básicas do ensino: leitura, escrita e aritmética. Tenho orgulho de possuir a carta escrita à mão da Polytechnic registrando sua proficiência. A partir de então, a vida dele melhorou rapidamente em meio à prosperidade exuberante da Inglaterra eduardiana.

Tom foi o melhor dos pais, e como o único filho de seu segundo casamento desfrutei toda a sua atenção. Nas caminhadas durante os fins de semanas na zona rural de Surrey, que nos anos 1920 ficava a apenas um curto passeio de bonde ou trem de nossa casa em Brixton, aprendi como é a vida no campo por intermédio de um experiente etologista e, a partir daí, desenvolvi intensa sensibilidade e estima pelas áreas do campo ainda selvagens. Esse aprendizado não programado deve ter tido um papel importante no meu amor pelo mundo natural e no desenvolvimento de Gaia e tudo o que a acompanha.

De Tom, aprendi os nomes comuns das plantas silvestres, tais como pé-de-bezerro (*Arum maculatum*), ansarinha-branca (*Chenopodium album*) e pimpinela escarlate (*Anagallis arvensis*). Naquela época, nas planícies de calcário, encontrávamos *Galium verum* ou, como Tom a conhecia, erva-caolheira, e às vezes víamos o esplêndido, mas agora quase extinto, adônis, o olho-de-perdiz, *Adonis annua*. Agora que temos definição por genoma, talvez esses nomes mais antigos venham a recuperar o prestígio que tinham antes que fosse adotada a necessária, mas para mim enfadonha, nomenclatura de Lineu. Acho que aqueles nomes antigos são necessários para apreciar verdadeiramente a importância e a distinção do mundo natural, algo que a meticulosidade da academia nos fez perder.

Meus amigos cientistas podem achar que sou esquisito por meu desconforto com a botânica correta, mas o poeta Ogden Nash expressou bem meus sentimentos em seus versos:

> Agora, com vocês, o professor Desvio,
> Um cientista meticuloso.
> Conselheiros exclamaram: "Ele nunca falha!"
> E enviaram-no para selvas distantes.

Acampado numa ribanceira tropical,
Um dia perdeu a noiva amada.
Tinha sido, informou-lhe mais tarde o guia,
Comida por um jacaré,
O professor Desvio nada fez senão sorrir.
"Você quer dizer", disse ele, "um crocodilo."

Hoje Sandy e eu vivemos em Coombe Mill. Antigamente, esse local não era mais que duas cabanas de operários, que um proprietário anterior tinha juntado para criar uma casa de três dormitórios minimamente aceitável. Foi construída no que as pessoas de Devon chamam de *the hams*, meandros de planícies alagadiças do rio Carey, que fluía pelo moinho. Quando cheguei em 1977, o moinho e a casa do moleiro estavam ambos abandonados e sem qualquer esperança de restauração. Todas as construções na localidade foram erguidas com *cob*, uma mistura de barro e palha que os mexicanos reconheceriam como adobe: um material de construção eficiente, mas de origem natural, que mantém a casa aquecida no inverno e fresca no verão. O clima aqui é notório pelas chuvas violentas e ventos fortes, longe de ser ideal para uma casa de barro e palha, mas meu simpático empreiteiro local me disse: "Ela ficará ótima, desde que a cabeça e os pés permaneçam secos", e apesar do vento e da chuva, as paredes de *cob* do nosso chalé estavam firmes e fortes havia mais de 250 anos. O teto foi feito com telhas de ardósia de Delabole e muitas delas ainda estão lá; estas e algumas pilhas de pedra local aos seus pés mantiveram secas as paredes de *cob*. A casa do moinho e o próprio moinho deterioraram rapidamente assim que o teto deixou de manter a chuva do lado de fora.

Coombe Mill não era o moinho de grãos habitual; era uma oficina com tornos mecânicos e bancadas de serra, à qual os agricultores locais levavam sua madeira para transformá-la em objetos úteis. Embora a energia "renovável" — energia hídrica — fosse bem menos econômica que simplesmente comprar eletricidade do fornecedor nacional, o moinho se manteve em atividade até o início dos anos 1960. Então, várias coisas aconteceram. Primeiro, o rio mudou o curso, e o canal que supria água para suas rodas secou; depois, o ramal da via férrea que passava pelo moinho fechou. A última agressão foi a chegada da eletricidade rural, que tornou sem sentido qualquer tentativa de nossa parte de reativar o moinho.

Antes dos anos 1960, Coombe Mill deve ter sido um lugar idílico, com seu ambiente campestre original: o lago do moinho era cheio de peixes e, no rio, salmões e trutas nadavam e faziam seus ninhos ao longo das margens. Mesmo quando chegamos, em abril de 1977, o canto dos pássaros enchia o ar, e mais tarde, naquele mesmo ano, o zumbido grave dos vespões nos alegrava quando eles seguiam seu caminho com determinação e, ao contrário de suas primas, as vespas, nunca nos importunavam nem pousavam sobre nós. Tivemos até lontras nos fazendo uma visita. Em muitos aspectos, Coombe Mill era então o sonho realizado de um adepto da vida natural e sustentável. Para Helen, minha primeira esposa, então já bem debilitada pela esclerose múltipla, o isolamento (a casa mais próxima ficava a cerca de 800 metros) era um privilégio depois da atenção demasiado solícita em nosso lar anterior, no vilarejo de Bowerchalke, 200 quilômetros mais perto de Londres. Sendo eu mesmo uma pessoa solitária, era reconfortante que Helen gostasse da solidão tanto quanto eu. Estávamos mergulhados numa região rural que conservava a beleza natural, com 5 hectares de pastagem, que logo se tornariam 14 hectares. Nessa época, eu era um cientista que se dedicava profundamente ao estudo do esgotamento do ozônio estratosférico pelos CFCs. Não foi minha escolha me envolver nessa questão ambiental politizada que, na época, estava atraindo quase tanta atenção quanto a mudança climática o faz agora: o fato era que eu por acaso dera início a isso! Aconteceu porque eu tinha inventado o instrumento que media a abundância de CFCs. Como se não bastasse, eu havia também calculado que essas substâncias aparentemente inócuas estavam se acumulando no ar de forma descontrolada. Consequentemente, foi difícil evitar trabalhar nesse problema atmosférico. A maior pressão para desenvolver o assunto veio do estranho fato de eu ser o único cientista do mundo que estava medindo a abundância atmosférica dos CFCs com algum grau de precisão; a afirmação pode parecer falsa modéstia, mas não é. Para realizar meu trabalho, eu precisava de um laboratório situado longe de quaisquer liberações acidentais desses gases, como através do vazamento de um refrigerador ou lata de spray. Coombe Mill, com seus então 5 hectares em uma região rural de pequenas e distantes fazendas, era ideal. Minha primeira tarefa foi providenciar, com um arquiteto e empreiteiro local, a construção de um laboratório adjacente à casa. No início de 1978, o laboratório estava construído e em plena operação. Mas o que eu poderia fazer com 5 hectares de pequenos campos cercados por sebes antigas?

Comecei então meu primeiro e último encontro desastroso com biocombustíveis. Eu havia lido na *Farmer's Weekly* que o príncipe Charles tinha instalado numa propriedade das proximidades uma caldeira para aquecimento central alimentada por meio da queima de capim. Inocentemente pensei: "Que forma esplêndida de aquecer Coombe Mill: com todo esse capim, haverá muito combustível e o excedente poderá ser vendido." Comprei uma dessas caldeiras especialmente construídas de uma firma da vizinha Hatherleigh e providenciei sua instalação em um anexo com encanamentos conectados à casa. O corte do capim e os montes de feno no fim da estação ficaram a cargo de um simpático agricultor da vizinhança — o único problema foi que ele recusou o pagamento, alegando que estava apenas ajudando um vizinho.

As instruções diziam para colocar um fardo de feno na caldeira, que era um tubo cilíndrico, e acender uma das extremidades como se fosse um cigarro. Bastava fechar a porta e ela arderia em fogo lento, aqueceria a água e não precisaria de reabastecimento por 12 horas. Para mim, tudo isso pareceu muito econômico e perfeitamente verde: o dióxido de carbono emitido da caldeira era o que o capim tomara emprestado do ar no ano anterior e, portanto, estávamos meramente substituindo-o.

Essa era a teoria, mas, na prática, logo descobri que era preciso mais de um homem para manusear a caldeira, pois ela raramente permanecia acesa por mais de uma hora, e comecei a entender que o príncipe Charles provavelmente tinha um séquito de trabalhadores rurais mantendo em funcionamento sua caldeira movida a capim queimado. No frio do inverno, cada vez mais desesperado com as demandas desse pesadelo em forma de caldeira, tentei o perigoso expediente de adicionar oxigênio ao suprimento de ar — eu sabia que o mero aumento de 1% no conteúdo de oxigênio do ar praticamente dobraria as chances de o fogo continuar a queimar. Ajudou um pouco, mas dificilmente seria um meio verde ou econômico de ter um aquecimento central. Um guarda-florestal amistoso, o sr. Thomas, gentilmente sugeriu que troncos seriam mais fáceis de manusear, e que ele tinha muitos. Comprei uma pilha dele a um preço surpreendentemente baixo. Depois disso, a vida ficou um pouco mais fácil. Então, quase aconteceu um desastre: no inverno de 1980, o caminho de pedra do lado de fora do galpão da caldeira ficou coberto de gelo e quando fui alimentá-la com uma carga de troncos usando meu tratorzinho Iseki, ele derrapou, caiu num declive ali perto e capotou, prendendo-me debaixo do volante. Desliguei o motor (então funcionando de cabeça para baixo) e, num esforço extremo, consegui me arrastar, me desprendendo do volante. A dor que eu sentia era suportável e consegui me movimentar, imaginando, portanto, que saíra ileso do acidente. Na noite seguinte, acordei com uma dor intensa na coxa; tolamente, imaginei que o músculo da minha perna sofrera alguma lesão no acidente. Vários anos depois descobri que, de fato, eu tinha esmagado meu rim esquerdo, tornando-o disfuncional.

O trator foi logo consertado, mas eu ainda não tinha conseguido imaginar o que poderia fazer com 5 hectares de capim. Somente depois me ocorreu que a coisa certa a fazer era deixar que a terra de Coombe Mill retornasse à natureza, à Gaia. Sendo um homem impaciente, meu erro seguinte foi supor que uma volta à natureza poderia ser apressada plantando árvores. Queria fazê-lo corretamente e, portanto, busquei os conselhos de um especialista em reflorestamento; ele fez uma visita para examinar o local e me enviou um mapa mostrando onde esperar que as diferentes espécies de árvores crescessem naturalmente — salgueiros e amieiros ao longo do rio, carvalhos e freixos nos campos e um apanhado de outras árvores nativas, inclusive o bordo inglês, a madressilva, a bétula e a faia. Tudo pareceu a atitude ecologicamente correta e apropriada a tomar e, ocasionalmente, proporcionaria uma vida inteira de tolerância verde para fazer viagens aéreas.

Por que foi um erro plantar árvores? Eu deveria era ter sido corajoso e deixado os campos intocados, para que Gaia em seu próprio tempo pudesse plantar não apenas árvores, mas todo um ecossistema florestal. Uma floresta é muito mais que árvores: há o solo com sua vida pululando em todos os níveis, desde as bactérias até os vermes e besouros e até toupeiras e texugos; então, acima do solo, existem as plantas rasteiras, os arbustos e, é claro, os pássaros e animais que ocupam aquilo que agora se tornou uma floresta respeitável. Felizmente, plantei apenas dois terços dos atuais 14 hectares com árvores — 20 mil no total. Na campina que ocupava o restante da propriedade deixei brotarem árvores e arbustos autossemeados. Há uma elegância nesse crescimento natural que a fileira uniforme da plantação não exibe. Agora o clima está mudando, a plantação poderá não sobreviver, mas o ecossistema natural poderá evoluir e alterar sua diversidade de espécies, adaptadas a qualquer que seja o novo clima.

Como muitas pessoas que trocaram a cidade pelo campo, ao mudarmos para Devon imaginamos que um carro com tração nas quatro rodas seria essencial, particularmente nos invernos gelados de trinta anos atrás. Desde então, corrigimos esse erro e agora dirigimos um pequeno mas espaçoso Honda Jazz, e não viajamos mais de 10 mil quilômetros por ano. A loja do vilarejo com agência de correio fica a pouco mais de 3 quilômetros e quase sempre caminhamos até lá. A compra semanal no supermercado em Launceston é inevitável, como também as idas excessivamente frequentes a Exeter, a 70 quilômetros, para pegar o trem para Londres e para o mundo. Coombe Mill é iluminada pelas econômicas lâmpadas fluorescentes de baixo consumo energético e tem sido assim nos últimos trinta anos. Quando não estão em uso, nossos computadores ficam em modo de espera ou desligados. Apresso-me a acrescentar: escolhemos esses aparelhos e ações de baixo consumo de energia simplesmente para evitar desperdício. Por ter crescido em tempos de depressão e guerra, os habitantes de Coombe Mill desenvolveram um instinto para um estilo de vida frugal.

Os Lovelock aderiram lentamente a um verdadeiro estilo de vida Gaiano e o caminho para a virtude está cheio de erros tolos. Alguns deles eu já relacionei, mas um que relembro com carinho foi uma tentativa em 1978 de levar a "vida natural" da horticultura de subsistência. Nos fundos de nossa casa há um prado de 2 hectares e eu estava empolgado com o artigo de uma revista que recomendava o cultivo de batatas sob uma folha de plástico preto. Coloquei uma folha de 10 metros quadrados de polietileno preto diretamente sobre a relva do prado e prendi-a para impedi-la de ser levada pelo vento. Em seguida, uma série de cortes em cruz foi feita no plástico com um estilete Stanley e batatas-sementes foram inseridas em cada um deles. O plástico preto negava à relva a luz solar, de modo que ela morria e se tornava adubo para as batatas crescerem. Elas de fato cresceram e não demorou muito até que folhas e flores de aparência saudável se esticassem para cima, saindo da superfície plástica preta. Quando chegou o tempo de colher minha safra, desprendi a folha e a ergui por um dos cantos. Era realmente uma colheita esplêndida e eu me curvei para erguer a primeira grande batata e, então, saltei para trás, pois a folha toda estava fervilhando com o movimento de víboras-da-europa (*vípera berus*), a única serpente venenosa da Inglaterra. Elas tinham se insinuado debaixo dela para aproveitar a quentura aprisionada pela folha preta e encontrado uma fonte interminável de alimento nos pequenos roedores que vieram dos arredores para comer as batatas. Eis aqui, pensei, o perfeito ecossistema agrícola: cultive batatas dessa maneira e ganhe as cobras como guardiãs da safra. Lamentavelmente, o destino não o quis assim, pois o inverno seguinte foi, de longe, o mais frio pelo qual já passamos. Uma nevasca com neve fina como areia soprou durante toda uma noite e nos isolou do restante da Inglaterra por quase duas semanas. Montes de neve acumulados pelo vento de até 3 metros de altura bloquearam as estradas e a temperatura em Coombe Mill caiu a –20°C. No ano seguinte, quando chegou o verão, as víboras e as cobras-d'água tinham todas desaparecido, como também as minhas esperanças de uma fazenda de cobras e batatas. Eu me perguntei se teria sido o frio ou a nevasca que as tinham matado. O que quer que tenha sido, mostrou que mesmo no calor relativo da região sudoeste da Inglaterra um clima fora do normal ainda pode ocorrer. Nada parecido aconteceu nos trinta anos seguintes, mas, em pelo menos quatro ocasiões até 1990, o rio Carey, de correntes rápidas, que passa pelo moinho, congelou o bastante para se atravessar a pé seus 15 metros de largura. Desde então, a tendência de aquecimento global tornou os invernos suaves com, no máximo, nevadas breves que logo se derretem e raramente congelam abaixo de –5°C; o rio não exibe nem mesmo um pedaço de gelo ao longo das margens.

Quase cometi um erro parecido por imaginar que era possível fazer uma criação de vespões. Logo depois que chegamos a Coombe Mill ficamos surpresos e um pouco assustados com a abundância de vespões. Os vespões ingleses são muito maiores que aquelas pequenas e irritantes vespas pretas e amarelas americanas: são insetos enormes, com 5 centímetros ou mais de comprimento, com anéis marrom-escuros e amarelo-avermelhados em torno dos abdomes. O ferrão é potente, mas (como já mencionei) o comportamento é pacífico. São carnívoros, preferindo comer outros insetos a geleia e alimentos doces. Não representam nenhum problema, a menos que você sacuda vigorosamente o ninho ou sente sobre um deles sem querer. Um agricultor local me disse: "Você tem sorte em ter vespões, porque, se tiver, não será incomodado pelas vespas." Ele tinha razão, mas, como um idiota, imaginei então que os ninhos de vespões poderiam ser estimulados e as rainhas colhidas para servir como uma maneira ambientalmente amistosa de reprimir vespas.

Lentamente, vejam só, tínhamos nos tornado virtuosos até o limite do possível, mas percebemos que provavelmente não bastava. Talvez Sandy e eu pudéssemos reconstruir o moinho de água e gerar eletricidade; curiosamente, nosso governo nos recompensaria de forma generosa com um subsídio se instalássemos uma turbina eólica, mas até recentemente desestimulava o uso particular de energia hídrica. Não nos juntamos ao clamor pela energia verde e consideramos algo prematuro, impelido por uma ideologia viciada e a ganância de fabricantes e incorporadoras que pressentem os lucros fáceis dos subsídios garantidos pelo compromisso renovável. Ficamos satisfeitos de ter a eletricidade de que precisamos da rede nacional: energia gerada em casa poderia ser mais um erro. Em nossa pequena nação densamente povoada, a produção de eletricidade em grandes centrais energéticas eficientes é uma opção melhor que a produção particular. Apoiamos com entusiasmo um programa nacional que extraia energia principalmente de reatores nucleares, de longe a menos poluente, e atualmente a fonte de energia verde mais econômica e confiável. Receberíamos de bom grado o calor nuclear profissionalmente construído em Coombe Mill se nos fosse possível tê-lo.

Discuti e enumerei os motivos para me opor à aplicação da maioria das formas de "energia renovável" no Reino Unido no Capítulo 4. Mas, em resumo, me oponho porque nossa região rural, antes do século XX, era um exemplo harmonioso de um nicho humano modestamente eficiente; e era extraordinariamente bela. Os antigos campos ingleses eram, para mim, a face de Gaia, e uma coisa a ser mantida na sua forma dinâmica por tanto tempo quanto pudéssemos. Infelizmente, agora resta bem pouco disso e a terra fica dia a dia mais urbanizada. Transformar o que resta dessa terra preciosa em uma gigantesca série de centrais energéticas eólicas de escala industrial é tão obtuso quanto erigir aqueles monstros de 120 metros no Hyde Park e outros parques de Londres. Com o crescimento de nossa população rumo aos 100 milhões de habitantes, seremos uma cidade gigantesca. Cidades precisam de parques e de espaços para respirar e, examinando a região sudoeste da Inglaterra, seria um ato de vandalismo destruir o potencial para tal de lugares como Dartmoor, Exmoor, pequenas propriedades rurais e, mais importante, a costa da península do sudoeste, para satisfazer políticos verdes europeus. Tal ameaça é mais absurda ainda quando nos damos conta de que a substituição das duas usinas nucleares envelhecidas de Hinckley Point, em Somerset, forneceria de uma maneira garantida, barata e segura toda a energia de que a região precisa e mais.

Sandy e eu achávamos que éramos verdes porque vivíamos a vida natural do campo e plantávamos árvores. Imaginávamos que desenvolvimento sustentável e energia renovável eram algo sensato. Quando jovem, eu pensava, assim como Alan Bennett, que nenhuma pessoa inteligente poderia ser qualquer outra coisa senão socialista. Agora, eu tinha mudado de lado e minha cor tinha mudado de vermelho para verde — como alguém inteligente poderia pensar de outra forma? Foi difícil fazer as pazes com a verdade de que nós, os verdes, éramos imperialistas urbanos infiltrados, invadindo o que sobrou do velho interior campestre inglês e com a insolência dos verdadeiros discípulos trabalhando para mudá-la de acordo com nossa nova fé. Comecei a compreender que nós, os adeptos da vida natural, éramos como os missionários cristãos que, sem saber, foram os precursores do imperialismo colonial; assim como eles, fomos a vanguarda da civilização urbana que logo conquistaria os campos e tornaria os moradores das áreas rurais parecidos conosco. Até que ponto eu e muitos do movimento verde estávamos errados tornou-se evidente em um breve encontro com meu vizinho agricultor, Billy Daniel, durante uma caminhada perto de Coombe Mill. Amistosamente, ele disse: "Você sabe que logo irá à falência, não sabe?"

"Por que é você acha isso?", reagi.

"Ninguém por estas bandas ganhou dinheiro plantando árvores", disse Billy.

Ele tinha razão. Minhas boas intenções verdes eram antieconômicas — pelo menos naquela época. Cerca de dez anos depois a Comunidade Europeia decidiu subsidiar o comportamento verde e o cultivo de árvores tornou-se marginalmente lucrativo. Os Daniel e outras famílias de fazendeiros de West Devon estavam vivendo em equilíbrio natural razoavelmente estável como parte de um ecossistema. Há muito tinham evitado a ideia trágica de áreas de terra comunitárias ao usar cercas vivas para estabelecer limites claros e legais de sua propriedade. Quanto ao restante, eram pastores, criando ovelhas e gado nas ricas pastagens.

Antes que Rachel Carson explodisse a bomba verde, ser verde era uma coisa alegre — era para celebrar a beleza e o encanto do mundo natural, e este sentimento era, sem dúvida, o motivo pelo qual muitos aderiram ou apoiaram os movimentos ambientais. Poluição e fumaça eram algo que acontecia ao ar urbano e tornavam a vida deplorável para aqueles que viviam em Los Angeles ou Londres e muitas outras cidades. O mundo natural existia fora delas e parecia intocado e com a beleza natural conservada; não percebemos, de forma alguma, que o número sempre crescente de seres humanos estava inadvertidamente começando a destruir seu mundo. Então, nos anos 1960, Rachel Carson nos mostrou que os produtos de nossas indústrias — pesticidas que os agricultores usavam — estavam matando os pássaros da zona rural em quantidade. *Primavera silenciosa* foi uma linha divisória que separou o velho mundo inocente de naturalistas e poetas deslumbrados pela beleza da Terra de um novo mundo de habitantes urbanos ignorantes, mas astutos, com uma visão sentimental da natureza, que consideraram que espécies intrusas destrutivas, como o esquilo cinza e o ganso do Canadá, precisavam de proteção. Ficaria feliz em saber se alguém usou a palavra "verde" no sentido naturalista mais antigo, antes de ela se tornar uma palavra que descreve um ambientalismo tão antropocêntrico. Será que, antes de escrever o livro, Carson se considerava "verde"? Nos anos 1970, deixamos de ser iluminados pelas qualidades do mundo natural e começamos a ver e ouvir a natureza através de imagens audiovisuais; muitas vezes o que vemos foi filtrado ou distorcido pelos pensamentos do apresentador. Às vezes temos sorte e vemos o mundo real da natureza através dos olhos de *Sir* David Attenborough, mas é muito frequente que seja um relato politizado da poluição da indústria. Aqueles que eram verdes dessa maneira tinham sentimentos de culpa e arrependimento; o conhecimento crescente, que no passado tinha proporcionado sabedoria, alegria e compreensão, agora confirmava que nossas pegadas de carbono eram mais lúgubres que o pecado.

Desde a infância penso em mim mesmo como alguém que queria viver naturalmente e respeitar a vida selvagem e a natureza. Isso me fez passar muito do meu tempo livre no interior da Inglaterra, e comecei a amá-lo. Não foi apenas o impacto da *Primavera silenciosa* que acabou com minha ingenuidade. Os anos 1960 foram a época em que a mecanização e os agronegócios arrasaram a região rural, comprometendo a vida selvagem. Fazendeiros sempre consideraram indesejáveis as coisas vivas que não fossem gado, plantações, mão de obra e parentes; a indústria agora fornecia os biocidas. Somente nas partes mais remotas da Grã-Bretanha é que resta alguma coisa que lembra o velho interior. As delícias da vida urbana começaram a ocupar as mentes da maioria, apressando seu afastamento da natureza. Agora, no século XXI, o mundo humano da cidade é hegemônico e a região rural está meramente lá como um de seus serviços, para ser usada como seu sistema de suporte de vida: um lugar para as fazendas de agronegócios, as centrais de tratamento de esgotos, os reservatórios e, agora, como um território amplo de energia alternativa para manter a cidade iluminada da maneira perfeitamente verde. O que sobrou da zona rural está se tornando rapidamente um conjunto de parques temáticos com fácil acesso às autoestradas.

Apesar de tudo, ainda sou verde naquele sentido do século XX, com pontos de vista moldados pela velha filosofia benigna. Sei que sou inteiramente ultrapassado, mas reconheço que fui em parte responsável — inconsciente e não deliberadamente — pela mudança de uma simples celebração verde do prazer para uma fé estreita e restritiva. Quando consideramos Rachel Carson a fundadora do movimento verde, esquecemo-nos de que, como os naturalistas da velha escola, ela tinha um amor inocente pela natureza e pela região rural que seus vários outros livros revelam, em especial *O mar que nos cerca*. O que causou o surgimento da ideologia verde militante foi a transformação da advertência feita por ela de que nossas indústrias ameaçavam a vida selvagem na mensagem de que nossas indústrias ameaçavam a nós como indivíduos. Foi isso que fez com que ser verde, que era possuir um senso de deslumbramento e preocupação com o mundo natural, se transformasse em uma causa política partidária e combativa que, na melhor das hipóteses, não era mais que uma expressão parcial do humanismo cristão ou socialista e, na pior, um extremismo anárquico. Meu papel em realizar essa mudança foi possibilitar que cientistas que usaram minha invenção, o detector por captura de elétrons (DCE), encontrassem a evidência que inequivocamente confirmou a verdade da alegação dela: pesticidas e substâncias químicas venenosas semelhantes estavam em todos os lugares do mundo. Mais tarde, o DCE constatou que os CFCs estavam se acumulando no ar e ameaçavam a integridade do nosso escudo de ozônio.

A filosofia verde desenvolveu-se de uma maneira complexa. É ainda bem variada e não fala com uma única e clara voz. As divisões entre cidade, zona rural e natureza de fato remontam a pelo menos dois mil anos: Sócrates afirmou que nada interessante acontecia fora dos muros da cidade. Gerações de filósofos naturais, entre eles Ruskin e John Stuart Mill, e os poetas Blake e Wordsworth, amaldiçoaram as consequências da Revolução Industrial. Os primeiros grupos de pressão de ambientalistas, o World Wildlife Fund, o Friends of Earth e o Sierra Club, estavam todos principalmente preocupados com a vida selvagem e a perda da região rural ou natureza, e não foi senão nos anos 1960 que os avanços na ciência nos tornaram cientes de que pesticidas e outros venenos afetaram até os pinguins da Antártida e, de fato, estavam nos corpos de todos no mundo inteiro. A ameaça percebida não era mais meramente à vida selvagem; acreditava-se, agora, que fosse uma ameaça real e séria às pessoas. Não demorou muito antes que acontecesse uma nova fusão, entre as filosofias de esquerda e verde. Os venenos industriais foram declarados produtos de indústrias que se importavam apenas com o lucro. A esquerda pôde então dizer que éramos todos vítimas daqueles velhos inimigos do marxismo, os capitalistas — e, agora, eles não estavam meramente nos explorando, estavam também nos envenenando. As intenções dos verdes foram ainda mais desvirtuadas quando se fundiram com as das altamente respeitadas organizações antiarmas nucleares, como a Campanha para o Desarmamento Nuclear (CND) do Reino Unido. Quase todo mundo concorda que guerra com armas nucleares é ruim, e essa fusão dos pensamentos pacifista e verde também esteve por trás da formação do Greenpeace. Havia bons motivos para uma oposição ao insano excesso de testes de armas nucleares de amplitude cada vez maior, porque, por volta de 1963, o mundo já tinha se tornado bem e verdadeiramente contaminado com radioatividade.

Nunca fui um militante entusiasmado de nenhum desses movimentos porque, sendo um cientista em atividade, sabia que a sensibilidade dos instrumentos que usávamos para determinar compostos químicos e radiação era tão refinada que traços, com um milésimo ou mesmo um milionésimo da quantidade nociva, eram facilmente detectáveis. De fato, dificilmente haveria qualquer contaminação significativa com veneno em qualquer lugar, exceto nos locais de testes de bomba ou nas fazendas onde os pesticidas foram lançados. Na época de Carson, a vida selvagem, em particular os pássaros, sofreu enormemente por causa dos excessos dos agronegócios, não apenas por intoxicação por pesticidas, mas também pela remoção de locais de nidação em cercas vivas e outras grandes mudanças na prática agrícola, que afetaram seriamente seus habitats. O movimento verde estava preocupado com o que acontecia às pessoas que consumiam o alimento do agricultor e apenas superficialmente com o mundo natural.

Um lamentável, mas inevitável, amplificador do medo de substâncias tóxicas e cancerígenas era a forma como a pesquisa científica era financiada na segunda metade do século XX. Pesquisadores jovens ou ambiciosos sabiam que sua ascensão dependia da publicação de artigos científicos que fossem frequentemente citados por outros cientistas e que fossem bastante interessantes para despertar o apetite da mídia por uma matéria. Um filão rico e infalível de ouro puro era a descoberta de que alguma substância química de uso comum, como um produto de limpeza de cozinha, era tóxica a uma espécie animal. Então, encontrar esse composto químico em qualquer lugar dentro da cadeia alimentar humana bastava para pautar uma reportagem assustadora na mídia, com entrevistas em rádio e televisão e vários centímetros de colunas em jornal impresso. Que muitas vezes a quantidade encontrada na cadeia alimentar fosse um milionésimo da dose que seria tóxica aos seres humanos era ignorado. Existem muitas substâncias químicas diferentes em todas as casas e, portanto, essas reportagens proliferaram; não demorou muito e deram emprego a advogados e legisladores e tornaram-se uma indústria autossuficiente. O criativo escritor Michael Crichton, em *Estado de medo*, descreve essa conjunção de interesses pessoais que vinculavam cientistas acadêmicos, a mídia, os grupos de pressão dos verdes e o estabelecimento da lei. Nessa ficção, é uma conspiração, mas, na vida real, a atração entre as partes envolvidas é suficiente para tornar desnecessária a conspiração. Nunca devemos nos esquecer que conjunções dessa espécie podem causar muito mal. A proibição imprudente e imoderada do uso de DDT como inseticida por causa de rumores de que poderia ser um carcinógeno humano é um exemplo claro. O DDT, usado com inteligência, foi um obstáculo tão grande à propagação da malária por mosquitos nos trópicos que a Organização Mundial da Saúde (OMS) estimou que sua proibição levou à morte de milhões e à invalidez de centenas de milhões. Desde 2006 a OMS vem apoiando ativamente o uso de DDT no combate à malária.

Como já mencionei, na última parte do século XX o movimento verde estava basicamente na esquerda política. Então, um lento reconhecimento de que o capitalismo parecia funcionar melhor que a maioria das formas de socialismo, apressado pela queda do comunismo soviético na Rússia e na Europa, fez o pensamento verde mover-se para um elevado terreno humanista liberal que considerava a ameaça à Terra principalmente em termos das consequências imediatas para o bem-estar das pessoas. Ainda não havia a percepção de que, no final das contas, um dano no sistema Terra, Gaia, era mais sério que um dano à humanidade. Lentamente começa a ficar claro que a Terra pode ser mais poderosa do que somos e agora nos ameaça e, por fim, ouvimos o grito: "Precisamos salvar o planeta!" Ainda há, acredito, um longo caminho a percorrer.

Nigel Lawson sugere que o movimento verde de hoje seja uma nova religião. Até certo ponto, concordo com ele, como alguém que foi no passado um verde no velho estilo: sinto-me desolado com o significado icônico de uma turbina eólica gigantesca num morro verde. Parece estar fazendo pouco da Cruz. Vemos esse novo ícone em anúncios de página inteira de companhias energéticas, particularmente aquelas empresas que vendem energia obtida de combustível fóssil. Santifica a hipocrisia e a intenção delas de seguir funcionando da mesma maneira de sempre; elas sabem que a energia eólica, por causa da ineficiência, não é nenhuma ameaça ao seu principal ramo de negócio.

Nos anos 1960, morei alguns anos em Houston, Texas, e trabalhei nos novos e fascinantes desafios do voo espacial. Mas, na minha vida diária, não pude deixar de notar a ética dos batistas do sul, essencialmente saudável e que a tudo permeia. Uma de suas crenças mais destacadas era a de que o álcool é nocivo; ao contrário da Europa, ou mesmo Nova Inglaterra, a lei no Texas proibia o inocente prazer de uma taça de vinho servida em um restaurante com uma refeição. Mas, assombrosamente, a lei permitia a compra de uma garrafa de vinho de uma loja de bebidas das proximidades que poderia ser levada ao restaurante para ser servida com a refeição. A indústria de bebidas e a Igreja tinham convergido nesse consenso cômodo que permitia que uma lucrasse e a outra permanecesse em seu elevado status moral. Assim é com a convergência de interesses entre a política verde e a indústria energética: com informações enviesadas para criar a impressão desejada e pequenos gestos, os verdes podem manter as belas planícies e a indústria prósperas. Assim como os batistas de Houston não conseguiram salvar a nós, os pecadores, da bebida demoníaca, também os verdes não estão conseguindo "salvar o planeta".

O conceito de Gaia ou do mundo da natureza nunca foi atraente para os moradores das cidades, exceto para diversão. Perdemos o contato com a Terra quando nossa comida e sustento não eram mais imediata e obviamente dependentes do clima. Nosso peixe, carne, frutas e hortaliças agora vêm do supermercado e apenas uma rara inundação ou uma grande nevasca impede a colheita de qualquer grande rede varejista como a dos supermercados Tesco. Quando o tempo está frio ou quente, o termostato cuida de manter confortável nosso ambiente interno. Ventos uivantes e chuvas torrenciais contra nossas janelas à prova de tempestades podem intensificar nossa sensação de conforto aconchegante e não, como faziam no passado, trazer medo de perda de safra quando os grãos eram levados aos campos lamacentos.

Com muita lentidão, alguns começam a entender que o bem-estar de Gaia é mais importante que o bem-estar da humanidade. A ciência de Gaia confirma a ameaça à Terra, mas nos permite continuar com o velho naturalismo em que a Terra normalmente é benigna, mas, assim como as antigas deusas, pode ser, às vezes, cruel, e em que apenas os humanos são sentimentais. Para sermos verdes de verdade, temos de nos despir da ilusão de que somos de alguma forma separados de Gaia. Somos parte dela como qualquer coisa viva e deveríamos nos sentir ligados, como em um bom casamento amoroso, até que a morte nos separe.

9
Ao próximo mundo

Se estivesse vivo hoje, o escritor americano Horace Greeley estaria exortando o ativo e ambicioso: "Vá para o Norte, meu jovem." Todos os habitantes das Américas, inclusive os índios e os inuítes (mas não os escravos, que foram levados para lá contra a vontade), são descendentes daqueles que tiveram a coragem, a firmeza e a força de vontade para arriscar a longa e perigosa jornada até aquilo que era então o Novo Mundo.

Em breve as pessoas estarão migrando novamente, mas, dessa vez, porque seu conforto, e até sua vida, estão ameaçados por uma mudança climática devastadora. Somos uma espécie errante e, desde nossa origem na África, há cerca de 1 milhão de anos, nós nos espalhamos por toda a Terra e fomos até a Lua. Além de uma ânsia natural de vagar pelo mundo, fomos impelidos a mudar devido a sete devastadores eventos de mudança climática, quando a Terra passou por episódios glaciais e interglaciais durante o último milhão de anos. Durante o último deles, há meros 14 mil anos, o mar subiu 100 metros, o suficiente para inundar uma área terrestre do tamanho do continente africano, e a temperatura média global subiu cerca de 5°C. William Ruddiman sugeriu, em seus livros e artigos, que o uso do fogo pelos seres humanos primitivos para limpar florestas pode ter afetado o clima no passado distante. Suas ideias são plausíveis e não consigo deixar de me perguntar se a caça com o auxílio de fogo na Austrália, América do Norte e talvez leste asiático também ajudou a disparar o salto do frio glacial para o calor interglacial. Talvez os novos selvagens fossem tão responsáveis pela mudança climática como são os moradores de bairros residenciais urbanos.

Para as comunidades de pescadores que viviam na costa do sudeste asiático há 14 mil anos, a ascensão inexorável do nível do oceano deve ter sido desalentador, quando em poucos anos cada novo povoamento era obrigado a migrar. Os mais sensatos devem ter se mudado para áreas mais altas e alguns deles foram nossos ancestrais. Uma mudança de igual magnitude em nosso ambiente não tarda a chegar, será igualmente implacável e, ao final, em poucas centenas de anos, levará a um novo clima quente estável. Como já mencionado, fundamento essa previsão no registro histórico da Terra e em modelos como aquele ilustrado no Gráfico 3 do Capítulo 2. Quando acontecer, o oceano poderá ter se elevado 20 ou até 30 metros, se parte considerável da Antártida ocidental se derreter e se integrar ao oceano, assim como a Groenlândia; e quase tudo estará cinco ou seis graus mais quente que agora. Essas mudanças serão no mínimo tão devastadoras quanto foi a mudança interglacial e afetarão um mundo que já está quente e seco. Então a migração em massa será inevitável.

O reconhecimento de que somos agentes da mudança planetária traz uma sensação de culpa e dá ao ambientalismo um significado religioso. Até agora ele não é mais que um sistema de crenças que ampliou o conceito de poluição e destruição do ecossistema de escala local para planetária. Talvez cresça e se transforme em fé, mas ainda é nascente e seu dogma ainda não foi corretamente codificado. Um ambientalista de inclinação religiosa poderia perguntar: "Teria sido a descoberta e o uso do fogo nosso pecado original? Somos culpados por continuar a poluir o planeta?" Para a maioria de nós, a expressão de arrependimento "Mea culpa!", numa grave voz verde, é imprópria. Sabemos que cometemos erros estarrecedores, mas deixamos de lado a velha ideia de termos nascido maus e agora reconhecemos que os caprichos de nossa natureza volúvel foram amplificados pela tecnologia, de maneira que, como um bêbado dirigindo um tanque, acidentalmente destruímos nosso mundo. A culpa não é cabível; buscamos a restituição e a restauração do nosso mundo perdido, não uma punição.

Mesmo que tivéssemos passado por maus bocados — e não passamos —, mudar nossos genes para nos fazer agir com amor e viver frugalmente na Terra não funcionaria. Somos o que somos porque a seleção natural nos fez o predador mais obstinado que o mundo já viu. O tiranossauro foi substituído até por pequenos mamíferos. É absurdo esperar que mudemos a nós mesmos como seria esperar que crocodilos ou tubarões se tornassem, através de algum grande ato de força de vontade, vegetarianos. Não podemos alterar nossa natureza e, como será visto, o tribalismo e o nacionalismo inatos que fingimos deplorar são os amplificadores que nos tornam poderosos. Tudo que podemos fazer é tentar moderar nossa força com decência.

Antes que descobríssemos e começássemos a usar tecnologia, éramos a presa de vários outros organismos que mantinham nosso número sob controle e, assim, conservavam Gaia estável, por reprimir a multiplicação excessiva de qualquer espécie. Mas quando nossos ancestrais começaram a usar fogo para cozinhar, negaram a um contingente de micropredadores, de vírus a vermes, sua presa natural. Logo descobrimos que o fogo mantido aceso por toda a noite afastava os leões e tigres e finalmente começamos a queimar as florestas para facilitar a caça ou limpar o terreno para a lavoura. Esses eventos há centenas de milhares de anos marcam o momento em que desrespeitamos as regras de Gaia e a partir do qual nossos números cresceram descontroladamente. Continuamos a desrespeitá-las desde então.

Quando somos infectados por organismos patológicos fatais, eles crescem em nossos corpos sem percebermos. Chamamos a isso de período de incubação, que pode ser de várias semanas. Então, em algum estágio de seu crescimento, ou em nossa reação corporal a isso, sentimo-nos indispostos, com febre e dor. Em pouco tempo, uma questão de horas com o vírus da gripe mais virulento, a homeostasia começa a falhar, e nós desmoronamos e morremos. É quando os médicos falam de uma falência múltipla dos órgãos. Durante a evolução de uma doença fatal, não existe um ponto de ruptura, mas, ao contrário, um deslizamento que começa imperceptivelmente e depois cresce a uma velocidade cada vez maior, até cairmos.

Tornamo-nos uma infecção da Terra há um longo e incerto tempo, quando usamos pela primeira vez o fogo e as ferramentas de forma deliberada, mas não foi senão há cerca de duzentos anos que terminou o longo período de incubação e começou a Revolução Industrial; a infecção da Terra tornou-se, então, irreversível. Ironicamente, foi esse o momento em que Malthus fez o primeiro alerta sobre o perigo e James Hutton e Erasmus Darwin vislumbraram a natureza da Terra viva pela primeira vez.

A doença que aflige a Terra não é apenas a mudança climática — que se manifesta pela seca, calor e o nível do mar sempre crescente. A isso se soma a química mutante do ar e dos oceanos, e a forma como o mar se torna cada vez mais ácido. Há, então, a escassez de comida para todos os consumidores do reino animal. A perda daquela biodiversidade vital que possibilita o funcionamento de um ecossistema é também parte importante do processo. Todos esses fatores afetam o funcionamento do sistema operacional da Terra e são consequência do número excessivo de pessoas. Os indivíduos, às vezes, sofrem de uma doença chamada policitemia, uma superpopulação de glóbulos vermelhos. Por analogia, a doença de Gaia poderia ser chamada poliantroponemia, em que os seres humanos a superpovoam até fazer mais mal que bem.

Pode não haver nada que possamos fazer para impedir as mudanças adversas ora em curso; não podemos reduzir nossa população com rapidez suficiente e existe apenas uma pequena chance de que, usando os remédios do Capítulo 5, possamos reverter a mudança climática. É possível falar de pegadas de carbono, de energia renovável e de desenvolvimento sustentável; podemos tentar economizar energia e organizar grandes congressos em todo o mundo, mas seriam tais ações, por mais bem-intencionadas que fossem, mais que a atitude de animais tribais corajosamente brandindo símbolos contra a ameaça de uma força invencível que eles não compreendem?

Apesar desse pessimismo, temos a sorte de viver em um planeta que se mantém habitável: o estado quente para o qual Gaia pode se retirar é desconfortável, mas não letal. Somos como o aprendiz de feiticeiro, incapazes de desfazer a maldição industrial que lançamos; entretanto, no devido tempo, expostos às ferozes pressões seletivas que em breve virão, nós, como espécie, podemos crescer e nos tornarmos capazes. Nossa própria história através dos repetidos traumas das glaciações, e a da Terra, deixa claro que a vida foi dura. O impacto de rochas de 10 quilômetros de diâmetro se deslocando a uma velocidade vinte vezes maior que a do som é bem devastador, mas piores foram as imensas erupções vulcânicas que cobriram parte considerável de um continente com lava derretida. Um desses impactos pode ter provocado a grande extinção que eliminou a maior parte da vida durante todo o longo período permiano da história geológica. Se tais riscos físicos não bastassem, houve outros desastres anteriores atribuíveis ao inesperado e, à época, o indesejável supercrescimento de organismos simples. No Capítulo 3 descrevi como o aparecimento do oxigênio como gás dominante foi uma consequência da evolução dos primeiros fotossintetizadores, as cianobactérias; embora tenha sido, no final das contas, um benefício real, o oxigênio foi à época a causa de extensa glaciação à medida que o gás metano de efeito estufa foi quimicamente removido do ar. Além disso, o oxigênio era também tóxico para muitas formas primitivas de vida. Oxigênio na Terra primitiva foi um poluente, e sua copiosa produção pelo uso da energia "verde" da luz solar não foi muito diferente de nossa própria poluição com dióxido de carbono por queima de combustível fóssil; de fato, foi o oxigênio dos fotossintetizadores que tornou possível a combustão.

É quase certo que houve outros embates perigosos que ainda não descobrimos. Depois de cada uma dessas catástrofes, Gaia se recuperou, levando seu próprio tempo — às vezes milhões de anos. Durante esses períodos de convalescença, sempre houve em algum lugar da Terra um refúgio para os organismos vivos, um lugar onde o clima e a química ainda favoreceram a vida. E certamente será assim quando a poliantroponemia se resolver. Os sobreviventes da crise atual encontrarão seu novo lar em oásis e lugares ainda frios e úmidos o bastante para a vida. Gaia poderá levar centenas de milhares de anos antes de voltar a ser o planeta luxuriante que conhecemos no passado.

Mas como e por que acontece dessa maneira? O universo — ou pelo menos o universo em que vivemos — parece operar por um conjunto bem inflexível de regras e nós, animais curiosos, tentamos enumerá-las e usá-las para explicar a nós mesmos, a vida, o mundo e todas as coisas que fazemos ou criamos. Somos como alguém que começa a preencher os quadrados em branco de um jogo de palavras cruzadas: ficamos exultantes ao encontrarmos a resposta a uma simples dica e depois retrocedemos por considerar incoerente outra palavra que cruza por ela. Cientistas orgulhosos parecem achar que em breve solucionarão o quebra-cabeça e conhecerão as regras que operam o universo com sua teoria de tudo. A mais inflexível dessas regras até agora descoberta é o que os cientistas denominam a segunda lei da termodinâmica. De fato, acho estranho que não seja a primeira das leis. Essa segunda regra simplesmente não permite que nenhuma pessoa ou nenhuma coisa se torne mais jovem ou, como eles diriam, que a água corra montanha acima por si mesma.

Talvez os genes egoístas descritos por William Hamilton e Richard Dawkins, e que são comuns a todas as coisas vivas, devessem ser chamados de voluntariosos, porque estão eternamente tentando desrespeitar essa regra. Em particular, eles gostariam de viver para sempre e não têm nenhuma piedade pela vida que os carrega, somente o impulso insistente em se reproduzir. Críticos desses biólogos neodarwinistas consideraram-nos sentenciosos por qualificar como egoísta uma entidade tão fundamental quanto um gene. Acho que esses críticos estão errados. Embora metafórica, a palavra "egoísta" transmite o desejo de se reproduzir que impregna toda vida. Não há imperativo moral que condene como mau o gene que instrui uma célula viva a produzir venenos mortais como a aflatoxina para derrotar seus rivais, nem houve nenhuma objeção moral ao uso do fogo ou, mais tarde, à invenção de armas de destruição em massa. As regras simplesmente declaram que se qualquer coisa for possível sem desrespeitar a segunda lei, então, por mais improvável que seja, pode acontecer. Uma vez que aconteça, as chances de repetição aumentam: a desinvenção é improvável.

É improvável também que nosso universo inflexível seja uma imposição ou limitação à nossa liberdade, determinada por algum projetista imaginário inteligente; essas restrições poderosas limitam a voluntariedade dinâmica dos genes e possibilitam que toda vida, inclusive nosso planeta vivo, Gaia, tenha uma existência estável, da qual Gaia desfrutou por mais de um quarto da idade do universo. Caos total, no sentido físico total, não liberdade, é a consequência de um universo sem regras. Alguns cientistas acham que houve seleção natural entre universos e o nosso é um dos que tiveram sucesso.

Embora seja incrivelmente longeva, Gaia não está livre dos decretos da segunda lei, e agora que é bem velha, em tempo cósmico, em breve morrerá. Antes dos antibióticos e da medicina moderna, a pneumonia era chamada "amiga do idoso". Matava os idosos rapidamente e de modo quase indolor. O principal risco da pessoa idosa é a perturbação de uma infecção como a gripe ou de um acidente como fratura de quadril, cujas consequências fisiológicas esmagam a defesa. O mesmo vale para os planetas vivos velhos — os eventos fatais são acidentes, como impactos de grandes objetos em grande velocidade do espaço ou erupções vulcânicas gigantescas. Um exemplo é o impacto da rocha do tamanho de uma montanha que atingiu a Terra há 65 milhões de anos e que é associado com frequência à extinção dos répteis gigantes. Gaia conseguiu sobreviver quando jovem a catástrofes como essa, mas se repetidas daqui a algumas centenas de milhões de anos elas poderão ser letais.

A causa imediata do envelhecimento de Gaia é o inevitável aumento do calor vindo do Sol. Nossa estrela, como todas as estrelas, queima e fica mais quente à medida que envelhece, e em 500 milhões de anos o calor radiante do Sol será aproximadamente 6% maior que agora. O calor que a Terra recebe do sol terá aumentado de 1,35 para 1,43 quilowatt por metro quadrado;

um aumento de 81 watts por metro quadrado — não mais que a iluminação de uma modesta lâmpada elétrica; que mal seria suficiente para iluminar uma sala. Não muito, você poderia pensar, mas compare-o com o calor extra agora vindo de todos os gases de efeito estufa que adicionamos ao ar; isso acresce por volta de 1,5 watt de calor para cada metro quadrado, um mero 1/60 da carga de calor que Gaia enfrenta em um período de 500 milhões de anos. O próprio Sol continuará a ficar mais luminoso por outros 5 bilhões de anos até ser consumido por uma labareda de energia radiante, deixando apenas densas cinzas do tamanho de um planeta, uma estrela anã branca. Durante os próximos bilhões de anos, o calor radiante aumentará lentamente e poderá dar bastante tempo para adaptação e evolução adicional. Já temos um novo processo fotossintético por causa da evolução de uma nova classe de plantas, que os bioquímicos chamam de C4, capaz de viver com quantidades bem menores de dióxido de carbono. Em 1982, Michael Whitfield e eu calculamos que esse passo evolutivo poderia permitir que a biosfera contemporânea continuasse por outros 100 milhões de anos. Além disso, outras mudanças genéticas certamente prolongariam a expectativa da vida, mas, dadas as limitações fundamentais da biologia hegemônica e a inevitabilidade das perturbações, é difícil enxergar a vida se estendendo para além de 500 milhões de anos. Talvez eu seja pessimista demais, e muito antes que esse tempo tenha passado possa evoluir dentro de Gaia alguma inteligência brilhante capaz de mantê-la viva muito adiante dessa idade.

Existem organismos chamados extremófilos que se desenvolvem em ambientes inteiramente hostis como água fervente, ácido forte ou as águas salgadas saturadas de lagos salgados. Os biólogos mais otimistas parecem imaginar que um sistema Terra autorregulador poderia se basear nesses organismos quando a Terra tornar-se mais quente. Acho que eles estão errados, porque os extremófilos são organismos que evoluíram para ocupar um nicho, mas dependem inteiramente de Gaia para manter o ambiente e suprir suas necessidades. Esperar que eles guiem o planeta é como acreditar que os donos de cassinos vão conduzir a economia quando todos os demais tiverem partido. Da mesma maneira, Gaia nunca pode depender de vida esparsa. A menos que o volume de compostos químicos dos organismos seja tão grande ou maior que o do planeta sem vida, a autorregulação característica de Gaia não pode ocorrer.

Se pensarmos em Gaia como uma velha senhora ainda bastante vigorosa, mas bem longe de ser forte como o jovem planeta que carregou nossos ancestrais microbianos, deveríamos observar com maior seriedade o perigo que somos para a manutenção de sua existência saudável. Nossa infelicidade foi identificada pelo grande biólogo E. O. Wilson. Com uma alegoria, ele escreveu sobre aquela familiar figura meio divina, o alienígena superinteligente de outra galáxia que era, como o próprio Wilson, um naturalista. Esse alienígena estivera observando a vida na Terra de uma das luas de Júpiter. Ao se preparar para partir em sua longa jornada de volta para casa, ele disse a um companheiro: "Foi uma pena que o primeiro animal social inteligente da Terra tenha sido um carnívoro tribal."

Nada que li em minha longa vida explica melhor nosso estado agonizante — temos a inteligência para começar a expandir nossas mentes para entender a vida, o universo e a nós mesmos; podemos nos comunicar e trocar nossos pensamentos profundos e mantê-los fora das nossas mentes como um registro permanente. Temos tudo isso, mas somos inteiramente incapazes de viver uns com os outros ou com nosso planeta vivo. Nosso impulso hereditário de sermos férteis e nos multiplicarmos e de garantir que nossa própria tribo domine a Terra frustra nossas melhores intenções.

Inteligência não é uma dádiva de Deus ou dos deuses; evoluiu pelas regras de seleção de Darwin como a arma definitiva que nos permite dominar o mundo e garantir um lugar seguro para criar nossos filhos. A Terra está repleta de predadores, grandes como os ursos polares e os crocodilos, pequenos como os insetos ou artrópodes, e aqueles ainda menores como os micróbios. Para sobreviver aos grandes predadores poderíamos ter desenvolvido a capacidade de correr rápido como um antílope ou ter uma cobertura externa nem um pouco atraente como a de um porco-espinho ou de uma tartaruga, ou poderíamos ter lutado como touros. Em vez disso, investimos tudo no cérebro e, como membros da tribo, evoluímos para nos tornarmos bastante inteligentes para superar todos eles em inteligência.

Inteligência individual sozinha não basta, e nossas incríveis façanhas originaram-se da capacidade adicional de nossos cérebros de se comunicar e convencer, de maneira que os pensamentos de um ou de alguns possam convencer muitos a perder suas identidades e agir coerentemente, como se fossem um único indivíduo. Essa amplificação poderosa das intenções expressas de um líder tribal sempre pode prevalecer contra um adversário incoerente ou o mundo natural. Essa sincronização da força de vontade, nós a temos em comum com os insetos sociais e os cupins, bem como os bandos de pássaros e cardumes de peixes, e ela nos investe de poder muito além das possibilidades de uma única inteligência isolada, mesmo uma bem mais hábil que a nossa. Pode ser, por esse motivo, que algumas espécies de baleias com cérebros muito maiores e muito mais neurônios que nós nunca tenham dominado o mundo, assim como os seres humanos.

Essa gigantesca amplificação do pensamento e sua conversão em ação lembram o mecanismo de um laser. Neste, átomos ou moléculas, normalmente quicando sem rumo de um lado para outro, são erguidos a um estado mais elevado e singular a partir do qual, dado o sinal adequado, podem descarregar a energia acumulada em um feixe direcionado. Pense em como uma multidão de pessoas normalmente inofensivas, quando inflamada por um orador, irá agir coerentemente como se fosse um único animal. Quase todas as nossas realizações originam-se de atos de um gênio ou de uma liderança amplificados coerentemente por muitos. Isso se aplica não apenas aos atos grandiosos ou estarrecedores, mas às inúmeras coisas mundanas que mantêm a sociedade em funcionamento: os serviços de água e eletricidade e os sistemas de estradas.

Ficamos profundamente impressionados pelo poder de nossas armas e, contudo, elas são insignificantes comparadas à mais poderosa arma de todas: a inteligência criativa. Consideremos quantos dos grandes e poderosos impérios foram derrubados apenas pelas ideias. Civilizações destroem a si próprias com ideologias que, como vírus de computador, incapacitam seus sistemas operacionais. Gibbon considerava o cristianismo um vírus que incapacitou o poderoso Império Romano. Poderia o marxismo ter debilitado grandes Estados do século XX e causado a morte de dezenas de milhões? Agora, temos a ideologia verde urbana, talvez a mais letal de todas elas.

O naturalista alienígena de E. O. Wilson deve ter sabido que seríamos bastante inteligentes para compor música e fazer arte dignas dos céus; criar versos e dramaturgia à prova do tempo e ser capazes de enxergar os limites do universo e começar a decodificar a mensagem do DNA. Mas ele sabia que nossas maiores descobertas poderiam arruinar a civilização que as tornou possíveis? Pensemos na combustão interna e em como suas muitas formas nos trouxeram até nossa situação crítica atual. Eu me pergunto se ele poderia ter se dado conta que conseguiríamos evoluir para nos tornar animais verdadeiramente sociais, construindo e vivendo em nossos ninhos urbanos e cortando lentamente o contato com

Gaia; e, ao final, correndo o risco de nos transformar nos alienígenas reais e predatórios do planeta no qual nascemos.

Por mais irracional que possa parecer aos cientistas, todos nós temos fome de uma ideologia ou uma religião que nos dê um sentido, nos diga quando as coisas são boas e nos tranquilize quando são ruins. Sistemas de crença proporcionam um programa, que alivia a necessidade de pensamento em épocas como a de iminente perigo de morte, quando o pensamento fica paralisado. Não surpreende então o fato de que, agora, os perigos do aquecimento global chegaram à percepção pública, o ambientalismo exiba sinais de estar se transformando em uma fé com dogmas, ícones e respostas simples a todos os problemas ambientais.

Estou ciente de que, ao introduzir o tema da religião, escrevo num campo minado, mas tenho de fazê-lo porque o modo como pensamos na Terra é fortemente influenciado por condicionamentos da infância, e isso afeta o modo como fazemos nossa ciência. Na Europa, somos basicamente seculares, mas ainda muito influenciados por qualquer que seja o ramo da religião cristã que tenha penetrado nossos pensamentos na infância. Temos em comum um humanismo normal, mas somos consideravelmente diferentes nas nossas atitudes com o restante da vida e com a Terra. Falo especificamente dos diferentes efeitos do pensamento católico e protestante.

Quando criança, minha formação religiosa veio da Sociedade de Amigos e, como estudante, tornei-me um Amigo e assim permaneci até cerca de 1947, quando o agnosticismo da ciência me cativou em definitivo. Na época de estudante, também fui membro da Sociedade Católica Romana da universidade e tirei grande proveito da ternura de sua amizade e do rigor de seus debates sobre teologia moral. Não acho que eu fosse, naquela época ou agora, de alguma forma intolerante.

O que me faz abordar a religião é a crise da Terra que assoma e quão próxima do fim está a mais recente administração interglacial de Gaia, que durou apenas 14 mil anos. A crise é o resultado de colocarmos os direitos humanos antes dos deveres humanos com a Terra e as demais formas de vida com as quais compartilhamos a Terra. A filosofia protestante tem seu lado ruim, mas se redime por proporcionar na ciência um ambiente para a filosofia natural e o holismo, enquanto as benesses do catolicismo são o humanismo e o reducionismo cartesiano. Ambas as abordagens são igualmente necessárias na ciência, mas, por sermos impressionáveis, não conseguimos evitar sermos moldados pelos ensinamentos dos anos formadores da infância, de maneira que tendemos a favorecer uma em detrimento da outra.

Talvez o exemplo mais claro e mais censurável do prejuízo causado por essa separação venha do extraordinário biólogo francês Jacques Monod, que escreveu em seu livro *O acaso e a necessidade*:

> Certas escolas de pensamento (todas mais ou menos conscientes ou confusamente influenciadas por Hegel) contestam o valor da abordagem analítica a sistemas com a complexidade dos seres vivos. De acordo com essas escolas holísticas que, como fênix, renascem a cada geração, a atitude analítica (reducionista) está condenada ao fracasso nas tentativas de reduzir as propriedades de uma organização complexa à "soma" das propriedades de suas partes. É uma polêmica a um só tempo estúpida e equivocada que só faz comprovar uma total falta de entendimento por parte dos holistas do método científico e o papel crucial que a análise desempenha nele. Até onde um engenheiro marciano conseguiria chegar se, na tentativa de entender o computador de um terráqueo, ele se recusasse, por princípio, a dissecar os componentes eletrônicos básicos da máquina que executam a operação da álgebra proposicional?

Talvez essas palavras vigorosas sejam agora defendidas com menos entusiasmo, mas servem para expressar o que era e ainda é uma importante comunidade científica. Foi necessária uma visão de mundo intensamente cartesiana para propor um primeiro enfoque tão equivocado de um computador. Como qualquer engenheiro poderia ter explicado, dissecação — decompor em partes — é o último meio de investigação de um sistema operacional. Primeiro, você o investiga por meio do teclado ou qualquer meio não invasivo. Se isso não o convencer da limitação do pensamento reducionista, imagine que o engenheiro marciano fosse um computador inteligente e que estivesse prestes a dissecar seu cérebro para descobrir como você fazia álgebra.

Talvez o erro mais grave da religião monoteísta, inclusive o Islã, seja acreditar que os seres humanos são feitos à imagem de Deus. A implicação é que não podemos melhorar através da seleção natural. Pensar que somos o modelo perfeito da vida senciente é tão absurdo quanto imaginar que os primeiros fotossintetizadores verdes que emergiram 3,5 bilhões de anos atrás também fossem perfeitos. Por meio da evolução e de mudanças, eles possibilitaram tudo que aconteceu desde então; se tivessem permanecido como eram, nunca teria havido árvores, flores, animais ou nós mesmos. Nada no universo pode ser perfeito, e os seres humanos precisam caminhar tanto para se aproximar da perfeição que é possível ter certeza de que o futuro é promissor.

O monge católico Mendel nos ensinou genética e o cientista anglicano Charles Darwin, seleção natural. À medida que este século se desenrola e a Terra se move para o próximo estado, podemos ver as ideias de ambos agindo velozmente. Esperemos que a seleção escolha entre nós aqueles mais capazes de viver com Gaia e também uns com os outros. Será que já somos inteligentes o suficiente para sermos um animal social capaz de viver de modo estável com Gaia e com nós mesmos, mesmo hoje, e na Terra modificada que em breve virá? Em minha opinião, nossa esperança está na chance de que poderíamos evoluir para uma espécie capaz de regular a si própria e ser parte benéfica de Gaia. Eu me questiono se no grande conjunto de genes de toda a humanidade existiriam aqueles que poderiam ser selecionados para cumprir tal objetivo.

Mas, por ora, somos o que nossos genes nos tornam, e não muito diferentes de nossos ancestrais tribais que vagavam pelos continentes, muitas vezes destruindo maciçamente a vida selvagem e as florestas em sua caminhada. A coisa mais importante a aceitar é que não há volta. Se hoje todos, em todos os lugares, desaparecessem suave e silenciosamente, levaria pelo menos mais 100 mil anos até que a Terra voltasse a ter uma aparência do mundo que existia antes que tivéssemos descoberto o uso do fogo. Devemos entender muito bem que ainda somos animais tribais agressivos que lutarão por terra e comida. Sob pressão, qualquer grupo de nós pode ser tão brutal quanto qualquer um daqueles que deploramos: genocídio cometido por bandos tribais é tão natural quanto respirar, por mais gentis e bondosos que possam ser os membros individuais do bando.

Por tempo demais consideramos a Terra uma fonte infinita de recursos ou, no mínimo, uma grande fonte de recursos, até que a tecnologia nos descubra uma alternativa igualmente útil. Estamos começando a vislumbrar a possibilidade de que ela pode ser finita e em breve estar vazia, mas ainda tentamos garantir que, no mínimo, consigamos aquilo de que precisamos do que resta e está diminuindo. De fato, a Terra não é finita nem infinita, mas sempre tenta se recompor, como o fez a floresta na qual viveram nossos ancestrais pré-fogo. A floresta lhes supria alimento e matérias-primas, mas em compensação eles tinham de viver dentro da e com a floresta. Para nós, agora, Gaia é como a floresta. Se pensarmos nesses termos, veremos que combustível fóssil é energia renovável. Nosso erro é tirar mais do que a Terra renova.

Entre os primeiros seres humanos inteligentes que alargaram suas vidas com fogueiras, podem ter existido aqueles que perceberam que as florestas eram finitas e o disseram. Desconfio que a resposta foi: "Bobagem, elas durarão mais de 10 mil anos" — e duraram. Da mesma maneira, quantos agora se preocupam com o que poderá acontecer em cem anos?

Somos animais fortes e adaptáveis e certamente poderemos criar uma nova vida na Terra mais quente, mas restará apenas uma fração de terra habitável em comparação com a disponível em 1800. Se seguirmos um caminho verde puro e profundo e voltarmos a uma existência pré-fogo, bem poucos sobreviverão, e se, a qualquer momento no novo mundo, recomeçarmos a extração e uso de combustível de carbono, correríamos o risco de destruir a nós mesmos e a maioria da vida não microbiana. Podemos usar tecnologia, mas nunca a ponto de perturbar a regulação planetária. A capacidade de Gaia se recuperar de uma perturbação estaria reduzida em uma Terra quente — e um renascimento da civilização do século XX seria então uma grande perturbação.

Nosso primeiro imperativo é sobreviver, mas logo enfrentaremos a horripilante pergunta sobre quem poderemos deixar a bordo dos botes salva-vidas? E quem deveremos rejeitar? Não haverá como se esquivar desta pergunta, pois em pouco tempo haverá um grande clamor dos refugiados climáticos em busca de um porto seguro naquelas poucas áreas onde o clima é tolerável e há comida disponível. Não nos enganemos, a comparação com o bote salva-vidas é correta; os náufragos enfrentaram o mesmo problema: um bote salva-vidas sobrecarregado afundará ou será impossível de navegá-lo. As velhas regras em que fui criado diziam mulheres e crianças primeiro e o capitão afunda com seu navio. Precisaremos de um conjunto de regras para os oásis climáticos.

Não somos, como diriam os puritanos, uma espécie náufraga mergulhada em pecado. Poderíamos ter um futuro grandioso e altivo como pessoas a partir das quais poderiam evoluir um futuro Adão e Eva, progenitores de uma espécie mais próxima de Gaia e que poderia servir dentro dela como nossos cérebros fazem em cada um de nós. Seríamos parte importante daquilo que tinha se tornado de fato um planeta inteligente e mais apto a preservar a habitabilidade. Insetos sociais como abelhas, vespões, formigas e cupins evoluíram até formar ninhos — comunidades muito mais fortes que multidões de indivíduos — mas, assim fazendo, eles perderam a liberdade pessoal e tornaram-se súditos de suas rainhas. Talvez de uma maneira similar, perderíamos liberdade ao mesmo tempo que Gaia ganhasse força. Não podemos saber agora quais as chances de isso acontecer, quanto tempo levará ou como será ser um súdito Gaiano. A única quase certeza é que nunca evoluiremos dessa maneira se permitirmos, por omissão ou uma resposta imprópria, que sejamos extintos pelo aquecimento global. Foi sugerido que, não fosse pela gigantesca extinção há 65 milhões de anos, os lagartos poderiam ser agora a espécie inteligente dominante. Do mesmo jeito, poderemos ser superados por algum pequeno animal hoje existente que sobreviva e evolua para preencher o nicho que desocupamos.

Somos bastante inteligentes para saber quem selecionar? Percebemos que, na Terra quente, as necessidades metabólicas de Gaia podem ser satisfeitas com um mero milhão de seres humanos, suficiente para reciclar os elementos constitutivos da vida? Nossa justificativa para sobrevivermos em maior número é que, por possuirmos inteligência, temos o potencial de nos tornarmos uma parte de Gaia tão benéfica como foram os fotossintetizadores e os metanógenos, de fato, para tornar possível um planeta inteligente.

Acho que deveríamos recusar imediatamente todos os pensamentos de seleção planejada. Um flash me traz à mente a imagem dos bravos que fizeram a jornada perigosa de um lado a outro da África, através do deserto do Saara, e depois construíram ou adquiriram botes que por pouco não eram insuficientemente fortes para transportá-los pelos 80 quilômetros de oceano até as ilhas Canárias. Representam aqueles com instinto de sobrevivência. Existimos porque Gaia fez a seleção; talvez devamos deixar que ela continue.

Olhemos para o futuro quando Gaia for um planeta de fato senciente através da fusão dela com nossos descendentes. Poderíamos então olhar para trás maravilhados com a evolução milagrosa do universo, de uma uniformidade flamejante para uma massa fria de compostos químicos simples, já selecionados pelo cosmos para serem as peças sobressalentes da vida. Então especularíamos como esses compostos químicos se juntaram através de uma série de passos improváveis em ciclos transitórios tão frágeis quanto um castelo de areia e como a seleção e a concatenação desses sistemas mais simples produziram a primeira célula viva. Poderíamos então nos perguntar por que teria levado tanto tempo, quase 3 bilhões de anos, para que as células tivessem poder como agregados que foram os ancestrais de animais e plantas. Como inteligência planetária, já mostramos a Gaia sua face vista do espaço e deixamos que visse quão bela de verdade ela é, comparada a seus irmãos mortos Marte e Vênus. Poderíamos ter um futuro em comunhão com nosso planeta vivo para torná-lo novamente forte e capaz de resistir aos destruidores impactos que vêm por aí.

Pensando dessa maneira, como alguém poderia ser pessimista e imaginar que a crise do aquecimento global é o fim de todos nós e mesmo de Gaia? Provavelmente, ambos sobreviveremos, e dos nossos descendentes poderão evoluir espécies mais sábias que poderão viver ainda mais próximas de Gaia e talvez torná-la a primeira cidadã da nossa Galáxia.

Mais para o fim deste século os sobreviventes poderão chegar a um pequeno porto e desmontar de seus camelos. Lá atracados, eles poderão ver um pequeno navio de madeira, arranhando sua lateral à medida que se move com as ondas suaves do oceano contra o muro tosco do porto. Uma brisa contínua e mais fria promete um começo justo para a próxima parte perigosa da jornada rumo ao norte. O capitão nada diz quando os sobreviventes sobem a bordo da sua embarcação, mas sabe que eles — os fortes de espírito e corpo cuja boa forma física paga o preço da viagem — foram selecionados pelo rigor quase intolerável do deserto.

GLOSSÁRIO

Albedo: É uma medida utilizada por astrônomos da quantidade de luz solar refletida por uma superfície planetária. Albedos variam de 1 (reflexão total) a 0 (absorção total). A média do albedo da Terra é 0,33, mas nuvens e gelo podem se aproximar de 1. O do oceano é inferior a 0,2. O aquecimento global reduz o gelo, a neve e parte da cobertura de nuvens, o que leva a um menor albedo planetário, maior absorção de luz solar e mesmo mais aquecimento global. O calor absorvido da luz solar está vinculado ao albedo, mas isso não torna uma floresta escura automaticamente mais quente que o deserto de cores claras das proximidades. A maior parte da vegetação tem um albedo menor que o da média planetária, mas se mantém fria pela evaporação da água de suas folhas.

Algas: Algas são organismos fotossintéticos que usam luz solar para produzir matéria orgânica e oxigênio. As plantas oceânicas são quase todas algas; algumas são células isoladas e outras, como as laminárias, podem existir como enormes aglomerados de células com um comprimento de até 60 metros. As primeiras algas na Terra surgiram logo depois que a vida começou, há mais de 3 bilhões de anos. Sua forma era bacteriana e esses microscópicos organismos ainda são abundantes: podem ser encontrados tanto como organismos de vida livre ou, muito importante, como inclusões chamadas cloroplastos, dentro das células mais complexas de plantas. Algas têm uma influência extraordinária no clima da Terra: removem o dióxido de carbono do ar e são a fonte do gás sulfeto de dimetila (dimetil-sulfeto ou DMS), que se oxida no ar e se transforma nos núcleos minúsculos que semeiam as gotículas de nuvens. Algas fossilizadas são a fonte de petróleo. O crescimento delas nas águas superficiais do mar é sensivelmente dependente da temperatura da água, e se ela estiver acima de 10 a 12°C, as propriedades físicas do oceano impedirão que as algas recebam nutrientes, e elas não florescerão. Fazendas de algas poderão se tornar uma fonte futura de alimento e combustível.

Biosfera: O geógrafo suíço Edward Suess cunhou a palavra "biosfera" em 1875 para a região geográfica da Terra onde vida é encontrada. Nesse sentido, é um termo preciso e útil e semelhante a "atmosfera" e "hidrosfera", que definem, respectivamente, onde ar e água estão na Terra. Na segunda metade do século XX, o mineralogista russo V. Vernadsky expandiu a definição de biosfera para incluir o conceito de que a vida é uma participante ativa da evolução geológica, resumindo a noção na frase: "Vida é uma força geológica." Vernadsky estava seguindo uma tradição estabelecida por Darwin, Huxley, Latka, Redfield e muitos outros, mas, ao contrário deles, as suas ideias foram basicamente informais. O termo biosfera é agora usado principalmente no sentido de Vernadsky, como uma palavra imprecisa que reconhece o poder da vida na Terra acima da soberania humana.

Ciência do sistema Terra: É uma disciplina que progride dentro da comunidade de ciências da Terra entre aqueles insatisfeitos com a geologia tradicional como um ambiente intelectual para explicar o dilúvio de novos conhecimentos sobre o planeta. Em particular, os cientistas do sistema Terra são avessos à divisão das ciências da Terra e da vida em geosfera e biosfera e, em lugar disso, preferem considerar a Terra uma única entidade dinâmica dentro da qual partes materiais e vivas estão firmemente acopladas. Esse conceito, segundo o qual a Terra autorregula seu clima e sua química, foi publicamente anunciado na Declaração de Amsterdã, em 2001. A ciência do sistema Terra surgiu da teoria de Gaia, mas difere dela por se recusar a considerar a habitabilidade como o objetivo da autorregulação do clima e da química da Terra.

Consiliência: O conceituado biólogo evolucionista E. O. Wilson, ao escrever sobre a incompatibilidade entre a ciência e a religião do século XX, estava atento à necessidade inconsciente da maioria de nós por algo transcendental, algo que não coubesse em uma análise fria. Ele desencavou a palavra "consiliência", há muito em desuso, mas ainda calorosa e valiosa, e a ofereceu como algo para ligar os pensamentos de cientistas reducionistas com outros seres humanos inteligentes, particularmente os que têm fé. Acho que ele a enxergou como o nome de um conceito que permitiria que esses dois assuntos aparentemente irreconciliáveis evoluíssem, se não juntos, pelo menos em paralelo. Seus pensamentos estão maravilhosamente bem expressos em seu livro *A unidade do conhecimento — Consiliência*.

Efeito estufa: A maior parte da energia radiante do Sol está na faixa visível e infravermelha próxima. O ar, quando sem nuvens e poeira, é tão transparente a essa radiação quanto o é o vidro de uma estufa. Superfícies na Terra, ou dentro da estufa, são aquecidas pela luz solar, e parte desse calor é transferido ao ar em contato com as superfícies. O ar quente permanece na estufa principalmente porque as paredes e o teto de vidro impedem que o vento constante o dissipe. A Terra é mantida quente de forma semelhante, mas não idêntica, pela absorção do calor radiante emitido da superfície quente pelos gases dióxido de carbono, vapor de água e metano. Esses gases presentes no ar, embora transparentes à luz, são parcialmente opacos aos comprimentos de onda maiores emitidos por uma superfície morna. O efeito estufa há muito mantém quente o ar da superfície e, na ausência de poluição, é benigno: sem ele, a Terra seria 32°C mais fria e provavelmente incompatível com vida.

Feedbacks positivos e negativos: Sistemas autorreguladores de qualquer tipo, desde um forno controlado por termostato até você mesmo, sempre incluem algo que detecta os desvios do estado desejado ou escolhido, um suprimento de energia e os meios de aplicar força que se opõe ou estimula o desvio. Quando o carro que estamos dirigindo sai do nosso caminho pretendido, detectamos o desvio e, com nossos braços, aplicamos força suficiente para girar o volante e virar as rodas dianteiras de volta à trajetória: isto é resposta negativa. Se, por acidente, o mecanismo do volante estivesse com um defeito tal que girar o volante virasse os pneus dianteiros de maneira a aumentar o desvio, isto seria uma resposta positiva. Essa é, com frequência, uma receita para desastre, mas uma resposta positiva pode ser essencial para tornar um sistema ágil e rapidamente reativo. Quando falamos de círculos viciosos, estamos pensando em respostas positivas, e é esse o estado em que a Terra parece se encontrar agora: desvios do sistema são amplificados, e não suprimidos, de maneira que mais calor leva a um calor ainda maior.

Hipótese de Gaia: James Lovelock e Lynn Margulis postularam no início dos anos 1970 que a vida na Terra mantém ativamente condições superficiais sempre favoráveis para qualquer que seja o conjunto contemporâneo de organismos. Quando apresentada, a hipótese era contrária ao senso comum de que a vida se adaptou às condições planetárias quando elas evoluíram em seus caminhos distintos. Sabemos agora que a hipótese originalmente exposta estava errada porque não é a vida sozinha, mas todo o sistema Terra que efetua a regulação. A hipótese evoluiu para o que é agora a teoria de Gaia.

Histerese: Um sistema forçado pode mudar de um estado estável a outro, assim como uma porta quando empurrada pode mudar de aberta para fechada. Quando o mesmo sistema deixa de reagir à força na direção oposta, como quando uma porta é trancada, dizemos que ele está em histerese. Muitos sistemas naturais e criados por engenharia exigem histerese, como o faz o sistema climático da Terra e o sistema de controle do aquecimento doméstico. Quando a temperatura de uma sala está abaixo do ponto de ajuste do termostato, a fonte de calor é ligada e o calor flui para dentro até que a temperatura esteja cerca de um grau acima do ponto de ajuste, momento em que se desliga. Há, então, um período de esfriamento até cerca de um grau abaixo do ponto de ajuste, e o aquecimento volta a ser ligado. Esse é um exemplo de histerese, e o sistema climático reage de modo semelhante. É por isso que a redução do conteúdo de dióxido de carbono do ar pode não ser imediatamente seguida por uma queda na temperatura.

Intemperismo: Montanhas crescem continuamente na superfície à medida que as rochas quentes, ebulientes, semifluidas debaixo da superfície impelem as placas flutuantes de rocha à colisão. Em nossa escala temporal, montanhas são características permanentes da paisagem, mas, em termos Gaianos, têm vida curta e são desgastadas pelo clima. Rochas são rachadas pelo frio, corroídas por areia soprada pelo vento e, acima de tudo, dissolvidas e arrastadas pela chuva. Os geoquímicos dão à dissolução de montanhas pela água da chuva o nome de "intemperismo químico das rochas". Isso acontece porque a chuva contém dióxido de carbono dissolvido que reage com as rochas para produzir bicarbonato de cálcio solúvel em água. A solução é então carregada pelas correntes e pelos rios até o oceano. Esse escoadouro de dióxido de carbono de importância fundamental era considerado, até cerca de

1980, puramente químico pelos cientistas da Terra. Agora sabemos que a presença de organismos — de bactérias e algas nas faces rochosas até árvores crescendo no solo — produz um aumento de três a dez vezes no intemperismo de rocha e na remoção de dióxido de carbono. Esse processo é de importância crucial para manter a Terra fria e como parte da autorregulação de Gaia.

Serviços de ecossistema: O termo foi introduzido pelo biólogo Paul Ehrlich e seus colegas em 1974, para reconhecer que um ecossistema era mais que um lugar onde os biólogos poderiam estudar a biodiversidade. Ehrlich, assim como Eugene Odum, via os ecossistemas como reguladores locais do clima, da água e dos recursos químicos. "Serviços de ecossistema" é uma expressão valiosa quando usada nesse sentido local, sobre um ecossistema como uma floresta tropical, mas é menos útil quando aplicada globalmente porque, em uma escala planetária, as forças geofísicas e biológicas estão fortemente acopladas.

Sistema: O *Webster's New Collegiate Dictionary* define sistema como "um conjunto de objetos unidos por alguma forma de interação regular ou interdependência". Assim como o sistema solar, o sistema nervoso ou o sistema operacional do seu computador, é nesse sentido que uso a palavra "sistema" neste livro.

Teoria de Gaia: Uma visão da Terra apresentada nos anos 1980 que a considera um sistema autorregulador constituído pela totalidade de organismos, rochas de superfície, o oceano e a atmosfera, firmemente acoplados como um sistema em evolução. A teoria considera que tal sistema tem um objetivo — a regulação das condições de superfície de maneira a ser sempre o máximo possível favorável à vida contemporânea. Baseia-se em observações e modelos teóricos; é produtiva e fez oito previsões que se confirmaram.

Teoria do caos: Certeza e confiança marcaram o desenvolvimento da ciência durante o século XIX e parte considerável do século XX, mas agora ela continua sem perceber que o determinismo que por tanto tempo lhe deu vida está morto. O reconhecimento de que a ciência era provisória e nunca poderia ter certeza sempre esteve na mente dos bons cientistas. A aplicação de estatísticas no século XIX, inicialmente no comércio e depois na ciência, tornou o pensamento probabilístico mais inteligível que certezas baseadas em fé. Foi necessária a descoberta da inteira incompreensibilidade dos fenômenos quânticos para forçar a aceitação de um mundo mais estatístico que determinístico; isso foi mais tarde consumado pelas descobertas que vieram da disponibilidade de computadores com preços acessíveis. Estes permitiram que cientistas explorassem o mundo da dinâmica — a matemática dos sistemas móveis, fluentes e vivos. Os *insights* da análise numérica da dinâmica de fluidos de Edward Lorenz e da biologia de populações de Robert May revelaram o que é denominado "caos determinístico". Sistemas como o clima, o movimento de mais de dois corpos astronômicos ligados por gravitação ou mais de duas espécies em disputa são extremamente sensíveis às condições iniciais de sua origem e evoluem de uma maneira inteiramente imprevisível. O estudo desses sistemas é um campo novo, fértil e vistoso da ciência, avivado pelo brilho visual das estranhas imagens da geometria fractal. É importante notar que os sistemas mecânicos e dinâmicos eficientes, como o piloto automático de uma aeronave, são essencialmente desprovidos de comportamento caótico, e o mesmo é verdadeiro para organismos vivos saudáveis. A vida pode empregar o caos de forma oportunista, mas isso não é parte característica de sua função normal.

Vida: A vida existe simultaneamente, embora separadamente, nos domínios da física, química e biologia, e, como consequência, não tem nenhuma definição científica satisfatória. Físicos poderiam defini-la como algo que existe dentro de limites, que reduz espontaneamente sua entropia (desordem) enquanto expele a desordem para o meio ambiente. Químicos diriam que é composta de macromoléculas formadas principalmente pelos elementos carbono, nitrogênio, oxigênio, hidrogênio e, em proporções menores, mas necessárias, enxofre, fósforo e ferro, com uma série de oligoelementos que inclui selênio, iodo, cobalto e outros. Bioquímicos e fisiologistas considerariam que a vida sempre existe dentro de limites celulares que mantêm um ambiente aquoso com uma composição rigidamente regulada de espécies iônicas, entre as quais os elementos sódio, potássio, cálcio, magnésio e cloro. Cada uma das células carrega um conjunto completo de especificações e de instruções escrito na forma de um código em longas moléculas lineares de ácidos desoxirribonucleicos (DNA). Biólogos a definiram como um estado dinâmico de matéria capaz de replicar a si próprio; os componentes individuais evoluirão por seleção natural. A vida pode ser observada, dissecada e analisada, mas é um fenômeno emergente, e pode ser que nunca tenha uma explicação racional.

OUTRAS LEITURAS

1. A JORNADA NO ESPAÇO E NO TEMPO

GRAY, John. *Cachorros de palha*. Rio de Janeiro: Record, 2007.

________. *Missa negra*. Rio de Janeiro: Record, 2007.

GRIBBIN, John. *Hothouse Earth and Gaia*. Londres: Bantam Press, 1989.

KAHN, Herman; BROWN, William e MARTEL, Leon. *Os próximos 200 anos: uma visão otimista do futuro*. Rio de Janeiro: Record, 1976.

KUNZIG, Robert e BROECKER, Wallace S. *Fixing Climate*. Londres: Green Profile, 2008.

MIDGLEY, Mary. *Science and Poetry*. Londres: Routledge, 2002.

MORTON, Oliver. *Eating the Sun*. Londres: Fourth Estate, 2007.

PEARCE, Fred. *Turning Up the Heat*. Londres: The Bodley Head, 1989.

SCHNEIDER, Stephen H. *Global Warming*. São Francisco: Sierra Club Books, 1989.

________. *The Patient from Hell*. Cambridge, Mass.: Da Capo Press, 2005.

2. A previsão climática

CHARLSON, Robert (org.). *Earth System Science*. Londres: Academic Press, 2000.

HOUGHTON, *Sir* John. *Global Warming*. Cambridge: Cambridge University Press, 2004.

LAWSON, Nigel. *An Appeal to Reason: A Cool Look at Global Warming*. Londres: Gerald Duckworth & Co. Ltd., 2008.

MANN, Michael E. e KUMP, Lee R. *Dire Predictions: Understanding Global Warming*. Nova York: DK Publishing, Inc., 2008.

MCGUFFIE, Kendal e HENDERSON-SELLERS, Ann. *A Climate Modelling Primer*. Chichester: Wiley, 2005.

MILLENNIUM Ecosystem Assessment Report. Washington, DC: Island Press, 2005.

TICKELL, *Sir* Crispin. *Climate Change and World Affairs*. Cambridge, Mass.: Harvard University Press, 1986.

3. Consequências e sobrevivência

AL GORE. *Uma verdade inconveniente*. São Paulo: Manole, 2006.

ATTENBOROUGH, *Sir* David. *A vida na Terra*. São Paulo: Martins Fontes, 1981.

DAWKINS, Richard. *The Extended Phenotype*. Oxford e São Francisco: W. H. Freeman, 1982.

FAGAN, Brian. *O longo verão: como o clima mudou a civilização*. Lisboa: Edições 70, 2007.

FORREY, Richard. *The Earth*. Londres: Harper Collins, 2004.

LENTON, Tim e VON BLOH, W. "Biotic Feedback Extends Lifespan of Biosphere", *Geophysical Research Letters*, 2001.

LOVELOCK, James. *A vingança de Gaia*. Rio de Janeiro: Intrínseca, 2006.

PEARCE, Fred. *When the Rivers Run Dry*. Londres: Transworld, 2006.

SCHELLNHUBER, H.-J. *Earth System Analysis*. Berlim: Springer, 1998.

TURNER, J. Scott. *The Extended Organism*. Cambridge, Mass.: Harvard University Press, 2000.

WILSON, Edward O. *A diversidade da vida*. São Paulo: Companhia das Letras, 1994.

4. Fontes de energia e alimento

AMES, Bruce. "Dietary Carcinogens and Anticarcinogens", *Science*, 221 (1983), p. 1.256-64.

COMBY, Bruno. *Environmentalists for Nuclear Energy*. Paris: TNR Editions, 2000.

CRAVENS, Gwyneth. *Power to Save the World: The Truth about Nuclear Energy*. Nova York: Alfred A. Knopf, 2007.

GOODELL, Jeff. *Big Coal*. Nova York: First Mariner Books, 2006.

LAUGHTON, Michael. *Power to the People*. Londres: ASI (Research) Ltd., 2003.

NUTTALL, W. J. *Nuclear Renaissance*. Londres: Institute of Physics Publishing, 2005.

RAYNER, Joel. *Basic Engineering Thermodynamics*. Harlow, Essex: Longman, 1996.

6. A história da Teoria de Gaia

HARDING, Stephan. *Terra viva: ciência, intuição e a evolução de Gaia*. São Paulo: Cultrix, 2008.

KUMP, Lee R.; KASTING, James F. e CRANE, Robert G. *The Earth System*. Nova Jersey: Prentice Hall, 2004.

MARGULIS, Lynn. *Planeta simbiótico: Uma nova perspectiva da evolução*. Rio de Janeiro: Rocco, 2001.

MARGULIS, Lynn e SAGAN, Dorion. *Microcosmos: Quatro bilhões de anos de evolução microbiana*. São Paulo: Pensamento-Cultrix, 1990.

SCHNEIDER, Stephen H. e LONDER, Randi. *The Coevolution of Climate and Life*. São Francisco: Sierra Club Books, 1984.

STROGATZ, Steven H. *Nonlinear Dynamics and Chaos*. Cambridge, Mass.: Perseus Books, 2000.

WILKINSON, David. *Fundamental Processes in Ecology: An Earth Systems Approach*. Oxford: Oxford University Press, 2006.

7. PERCEPÇÕES DE GAIA

GRIBBIN, John. *Deep Simplicity*. Londres: Penguin Books, 2004.

HÖLLDOBLER, Bert e WILSON, Edward O. *The Superorganism*. Nova York: W. W. Norton, 2008.

PRIMAVESI, Anne. *Gaia and Climate Change*. Londres: Routledge, 2009.

WILSON, Edward O. *A unidade do conhecimento – Consiliência*. Rio de Janeiro: Campus, 1999.

8. SER OU NÃO SER VERDE

CARSON, Rachel. *Primavera silenciosa*. São Paulo: Melhoramentos, 1965.

CRICHTON, Michael. *Estado de medo*. Rio de Janeiro: Rocco, 2005.

GOLDSMITH, Edward. *The Way*. Boston: Shambhala, 1993.

MABEY, Richard. *Country Matters*. Londres: Pimlico, 2000.

________. *Beechcombings: The Narratives of Trees*. Londres: Charta, 2007.

PORRITT, Jonathon. *Playing Safe: Science and the Environment*. Londres: Thames and Hudson, 2000.

________. *Capitalism as if the World Matters*. Londres: Earthscan, 2005.

ROGERS, Richard. *Cities for a Small Planet*. Londres: Faber & Faber, 1997. Em português: ROGERS, Richard e GUMUCHDJIAN, Philip. *Cidades para um pequeno planeta*. Barcelona: Editorial Gustavo Gili, 2001.

9. Ao próximo mundo

Rees, Martin. *Hora final – Alerta de um cientista: o desastre ambiental ameaça o futuro da humanidade*. São Paulo: Companhia das Letras, 2005.

Livros sobre Gaia

Lovelock, James. *Gaia: A New Look at Life on Earth*. Oxford: Oxford University Press, 1979. Em português: *Um novo olhar sobre a vida na Terra*. Lisboa: Edições 70, 2007.

———. *As eras de Gaia*. Rio de Janeiro: Editora Campus, 1991.

———. *Gaia: cura para um planeta doente*. São Paulo: Cultrix, 2007.

———. *Homage to Gaia: The Life of an Independent Scientist*. Oxford: Oxford University Press, 2000.

CRÉDITOS DAS IMAGENS

Encarte:

1. US National Snow and Ice Data Centre.
2. NASA.
9. Wikipedia. GNU Free Documentation License.
11. Wikipedia. GNU Free Documentation License.
13. Wikipedia. GNU Free Documentation License.

ÍNDICE

Números em negrito referem-se a tabelas; números em itálico, a gráficos.

www.intrinseca.com.br

1ª edição	JANEIRO DE 2010
impressão	YANGRAF
papel de miolo	PÓLEN SOFT 80G/M²
papel de capa	CARTÃO SUPREMO ALTA ALVURA 250G/M²
tipologia	ELECTRA